果树

主要病虫害识别与防治彩色图谱

吕国强　主编

河南科学技术出版社
· 郑州 ·

图书在版编目（CIP）数据

果树主要病虫害识别与防治彩色图谱 / 吕国强主编. — 郑州：河南科学技术出版社, 2015.11

ISBN 978-7-5349-7676-6

Ⅰ. ①果… Ⅱ. ①吕… Ⅲ. ①果树—病虫害防治—图谱 Ⅳ. ①S436.6-64

中国版本图书馆CIP数据核字(2015)第042343号

出版发行：河南科学技术出版社

地址：郑州市经五路66号　邮编：450002

电话：（0371）65737028　65788613

网址：www.hnstp.cn

策划编辑：陈淑芹　杨秀芳　编辑信箱：hnstpnys@126.com

责任编辑：陈淑芹　杨秀芳

责任校对：柯　姣

封面设计：张　伟

版式设计：张　伟

责任印制：朱　飞

印　　刷：河南新达彩印有限公司

经　　销：全国新华书店

幅面尺寸：210 mm × 292 mm　印张：7.25　字数：180 千字

版　　次：2015年11月第1版　2015年11月第1次印刷

定　　价：25.00 元

《果树主要病虫害识别与防治彩色图谱》

编写人员名单

主　编　吕国强

副主编　闫克峰　邱　强　王江蓉　李伟波

编　者　孙雪花　索世虎　张建民　秦根辉　时世龙
　　　　李永杰　时运岭　秦寒露　李桂华　李　民
　　　　孙晓宝　代保平　张建军　周云帆　马志超
　　　　王志红

前言

我国是世界上农业生物灾害发生最严重的国家之一，常年发生的农作物病、虫、鼠、草多达1 700种，其中可造成严重损失的有100多种，有53种属于全球100种最具为害性的有害生物。许多重大病虫一旦暴发成灾，不仅为害农业生产，而且影响食品安全、人身健康、生态环境、产品贸易、经济发展乃至公共安全。人类历史上，马铃薯晚疫病、水稻胡麻斑病、小麦条锈病的跨区流行和东亚飞蝗、水稻两迁害虫的暴发为害均给农业生产带来过毁灭性的损失；小麦赤霉病和玉米穗腐病不仅影响粮食产量，其霉菌毒素还可导致人畜中毒和致癌、致畸。专家预测，未来相当长时期内，病虫发生将呈持续加重态势，监测防控任务会更加繁重。《国家粮食安全中长期规划纲要（2008—2020）》提出，要通过加大病虫监测和防控工作力度，到2020年，使病虫为害损失再减少一半，每年再多挽回粮食损失100亿公斤。为此，迫切需要提高农业有害生物监测预警水平和防控能力，有效控制其发生和为害，确保人与自然和谐发展。

河南地处中原，气候温和，是我国大区域流行性病害和远距离迁飞性害虫的重发区，农作物病虫害种类多，发生面积大，暴发性强，成灾频率高。据不完全统计，每年各种病虫发生面积达6亿亩次以上，占全国的十分之一，对农业生产威胁极大。近年来，受全球气候变暖、耕作制度变化等多因素的综合影响，主要农作物病虫害的发生情况出现了重大变化，常发病虫此起彼伏，新的病虫不断传入，因此，摸清病虫发生种类、明确分布区域、研究为害特点，提高监测防控、决策管理和植保科学研究的针对性，成为当务之急。

2009—2013年，河南省承担了农业部下达的公益性行业（农业）科研专项“主要农作物有害生物种类与发生为害特点研究”项目子课题（项目编号：200903004-31），省植保植检站组织全省植保部门通过五年的大田普查工作，进一步澄清了主要农作物病虫种类，明确了为害优势种群，进行了地理信息区划，圆满完成课题预定任务。与此同时，拍摄了5万多张珍贵病虫图片，在此基础上，组织专家经过反复鉴定遴选，编写了这本《果树主要病虫害识别与防治彩色图谱》，作为国家公益性行业（农业）科研专项——主要农作物有害生物种类与发生为害特点研究项目成果丛书之一出版，以飨读者。

该书共精选果树58种病虫原色图片200多张，在图片选择上，突出病害田间发展和虫害不同时期的症状识别特征，同时，还详细介绍了主要病虫的分布区域、形态（症状）特点、发生规律及综合防治技术，力求做到内容丰富，图片清晰，图文并茂，科学实用，适合各级农业技术人员和广大农民群众阅读，也可供植保科研、教学工作者参考。

在本书的编写过程中，得到了农业部公益性行业（农业）科研专项——主要农作物有害生物种类与发生为害特点研究项目办公室、执行专家组、咨询鉴定专家委员会在资金和技术方面的大力支持，河南省植保推广系统广大科技人员通力合作，深入生产第一线辛勤工作，为编委会提供了大量基础数据和图片资料，河南农业大学、河南省农业科学院有关专家参与了部分病虫图片的鉴定工作，在此一并致谢！

由于时间紧，编写者水平有限，加之受基层植保部门拍摄设备等因素的限制，书中所展示的病虫种类距生产实际尚有一定差距，图片、文字资料的谬误之处也在所难免，敬请广大读者、同行谅解并批评指正。

编者

2014 年 5 月

目录

第一部分　果树主要病害

第二部分　果树主要害虫

第一部分

果树主要病害

1. 苹果褐斑病

分布为害

苹果褐斑病又称绿缘褐斑病，在河南省苹果产区均有发生，是引起苹果早期落叶的主要病害之一。为害严重年份，常造成叶片发黄、早期落叶（图 1 ~ 图 3），削弱树势，甚至出现“二次开花”。果实不能正常成熟，对花芽分化和果品产量、质量都有明显影响。

图 1　苹果褐斑病，田间为害叶片，致叶片变黄

图 2　苹果褐斑病，田间为害，致落叶

图 3　苹果褐斑病，田间为害，致大量落叶

症状特征

苹果褐斑病主要为害叶片，也可侵染果实和叶柄，导致早期落叶。一般树冠下部和内膛叶片最先发病。叶上病斑初为褐色小点，因品种和发病期的不同而表现为 3 种类型。

1. 针芒型

病斑似针芒状向外扩展，无一定边缘。病斑小，数量多，布满叶片，后期叶片渐黄，病斑周围及背部绿色（图 4）。

2. 轮纹型

叶片发病初期在叶正面出现黄褐色小点，渐扩大为圆形，中心为暗褐色，四周为黄色，病斑周围有绿色晕，病斑中出现黑色小点，呈同心轮纹状（图 5、图 6）。叶背为暗褐色，四周浅黄色，无明显边缘。

图 4　苹果褐斑病，针芒型

图 5　苹果褐斑病，轮纹型

图 6　苹果褐斑病，病斑上的黑色小点

3. 混合型

病斑大，不规则，其上亦有小黑点，但无明显的同心轮纹（图 7）。病斑暗褐色，后期中心为灰白色，边缘有的仍呈绿色。

3 种病斑都使叶部变黄，但病斑边缘仍保持绿色晕圈，这是苹果褐斑病的重要特征（图 8 ~ 图 10）。

叶柄感病后产生黑褐色长圆形病斑，常常导致叶片枯死。

果实染病，在果面出现淡褐色小斑点，逐渐扩大为直径 6 ~ 12 mm 圆形或不规则形褐色斑，凹陷，表面有黑色小粒点（图 11）。病部果肉为褐色，呈海绵状干腐。

图 7　苹果褐斑病，混合型

图 8　苹果褐斑病，病叶症状（叶面）

图 9　苹果褐斑病，病叶症状（叶背）

图 10　苹果褐斑病，后期叶片变黄，病斑边缘仍保持绿色晕圈

图 11　苹果褐斑病，果面病斑

发生规律

病原为苹果盘二孢属半知菌亚门，病菌以菌丝块或分生孢子盘在落叶上越冬。春季苹果萌芽后，遇较长时间阴雨即产生分生孢子，随雨水冲溅至近地面的叶片上，成为初侵染源。潮湿是病菌扩展及产生分生孢子的必要条件，干燥及沤烂的病叶均无产生分生孢子的能力。一般潜育期为 6 ～ 12 d，从侵入到病叶脱落历时 13 ～ 55 d。分生孢子借风雨进行再侵染。豫西苹果产区一般开始发病在 6 月下旬，而发病盛期在 7 月中旬至 9 月，严重时 8 月下旬即可造成大量落叶，至 10 月停止发展。

该病的发生流行与气候、栽培、品种等关系密切。冬季温暖潮湿，春雨早、雨量大，发病早而重；7 ～ 8 月高温、多阴雨连绵的年份，则病害大流行。温度主要影响病害的潜育期，在较高温度下，潜育期短，病害扩展迅速。风雨加速传播；管理不善、地势低洼、排水不良、树冠郁闭、通风不良常发病较重。

防治措施

加强农业防治措施，掌握好喷药时机，适时以化学保护为主，有效控制病叶率。

1. 农业防治

合理施肥，培育壮树；加快树形改造、合理修剪尤其是夏季修剪，消除果园郁闭；秋冬季节清除落叶，集中烧毁；及时排出园内积水、疏松土壤及清除杂草；果树生长期追施磷钾肥，不施或少施氮肥。增喷稀土、黄腐酸或海藻精等叶面肥 2 ～ 3 次，增强树势以提高抗病力。

2. 化学防治

病菌侵染期防治：4 ～ 6 月是病菌的初侵染时期，也是防治的关键时期。雨后及时喷施治疗性杀菌剂，能减轻其发生蔓延。从落花后至套袋前可用 70% 代森联水分散粒剂或 42% 代森锰锌油悬浮剂 800 倍液，并与多菌灵、多抗霉素、烯唑醇等治疗性杀菌剂交替使用或混用 2 ～ 3 次。

病情扩展期防治。6 月下旬始见褐斑病病斑时，及时清除离地 50 cm 内的枝叶，摘除发病叶。选用对褐斑病有效的内吸治疗性杀菌剂，如 43% 戊唑醇悬浮剂 4 000 ～ 6 000 倍液或 40% 氟硅唑乳油 6 000 ～ 8 000 倍液，或 10% 苯醚甲环唑水分散粒剂 1 500 ～ 2 000 倍液，可添加渗透剂如渗展宝等，间隔 10 d 连用 2–3 次。套袋果园，可在套袋后喷施 1 ～ 2 次 1 ∶ 1 ∶ 2 ∶ 200 锌铜波尔多液或氢氧化铜、氧化亚铜等铜制剂，与上述的有机杀菌剂交替使用，以提高控制效果。

2. 苹果白粉病

分布为害

苹果白粉病是苹果的常发性叶部病害，在河南苹果产区均有发生，严重时叶片布满白色粉状霉层（图 1）。

图 1　苹果白粉病，树上为害状

症状特征

该病主要为害花芽、叶片、新梢、根孽等幼嫩组织（图 2），也可侵染幼果，受害后病部表面布满白粉。芽受害，重病芽当年枯死，轻病芽翌年萌发形成白粉病梢，病梢节间缩短，常枯死（俗称“干橛”）（图 3 ～图 5）。叶片受害，表面产生白色粉斑，病叶凹凸不平，严重时叶片正、反两面布满白粉，叶片卷曲，质脆而硬（图 6 ～图 8）。花器受害后花梗和萼片畸形，花瓣细长，

图 2　苹果白粉病，为害根孽

图 3　苹果白粉病，为害叶生皱缩

图 4　苹果白粉病，病梢“干橛”

图 5　苹果白粉病，新梢受害状

图 6　苹果白粉病，为害叶片

图 7　苹果白粉病，病叶（背面）

图 8　苹果白粉病，为害新叶，造成卷皱

严重的不能结果。幼果感病后萼洼和梗洼处产生白色粉斑，果实长大后，白粉自然脱落，在果面上形成网状锈斑（图9）。

图9　苹果白粉病，病果上锈斑

发生规律

病菌以菌丝体在冬芽的鳞片间或鳞片内越冬。翌年病芽萌发形成病梢，表面产生大量分生孢子，通过气流传播，直接侵染嫩叶、幼果。4 ~ 5月春梢旺盛生长期，气温较低，出现第一次发病盛期，6 ~ 8月发病缓慢或停滞，9月秋梢期为第二次发病高峰，10月以后很少侵染。

苹果白粉病的发生与气候、栽培和果树品种关系密切。春季温暖干旱的年份，有利于病害的前期流行；夏季凉爽秋季晴朗，有利于后期发病；但连续阴雨对白粉病有一定的抑制作用。一般富士、红星、国光等苹果品种易感病；秦冠、青香蕉、金冠、元帅等苹果品种发病较轻。

防治措施

在增强树势的前提下，要重视冬季修剪和早春剪除病梢，减少越冬菌源。生长期及时喷药保护进行防治。

1. 农业防治

在病梢发生初期，及时剪除新病梢和病叶丛、病花丛，集中烧毁或深埋。增施有机肥和磷钾肥，减少氮肥用量，合理密植，疏剪过密枝条，通风透光，增强树势，提高抗病能力。

2. 药剂防治

果树发芽前，喷施3 ~ 5波美度石硫合剂。

一般果园，苹果花芽露红时喷第一次药，落花后喷第二次药，发病的严重果园落花后10 ~ 15 d需喷第三次药。常用药剂有：80%硫磺悬浮剂200 ~ 300倍，或43%戊唑醇悬浮剂6 000 ~ 8 000倍液，或50%醚菌酯水分散粒剂2 000 ~ 3 000倍液，或15%三唑酮可湿性粉剂1 000 ~ 1 500倍液，或25%烯唑醇可湿性粉剂2 000 ~ 2 500倍液，或5%己唑醇悬浮剂1 000 ~ 1 500倍液等。

3. 苹果轮纹病

分布为害

轮纹病又称轮纹褐腐病，在树体上俗称粗皮病、果实上俗称水烂病、烂果病。是河南省苹果产区的主要病害。

症状特征

轮纹病主要为害枝干和果实，叶片受害比较少见。症状因部位、苹果品种不同差异明显。

1. 枝干

枝干发病初期，以皮孔为中心产生红褐色近圆形或不规则形病斑，直径 3 ~ 20 mm，病斑中心突起，如疣状物，边缘龟裂，与健康组织形成一道环沟（图 1，图 2），严重时，病组织翘起如马鞍状（图 3）。多病斑常相连，

图 1　苹果轮纹病，症状（初期）

图 2　苹果轮纹病，病斑及分泌胶状物（早春）

图 3　苹果轮纹病，枝干病组织翘起如马鞍状

病部表皮粗糙，故有粗皮病之称（图 4、图 5）。越冬枝干病斑中的分生孢子器（图 6、图 7），是侵染果实的病菌来源。

图 4 苹果轮纹病，树干受害，多病斑常相连，病部表皮粗糙

图 5 苹果轮纹病，主枝受害，多病斑常相连，病部表皮粗糙

图 6 苹果轮纹病，早春为害枝干

图 7 苹果轮纹病，主干受害状（后期）

2. 果实

红星、富士等红色品种，发病初期以皮孔为中心，在果面部分出现圆形、黑色至黑褐色小斑，逐渐扩大成轮纹状软化腐烂（图 8，图 9）。发病后期在病斑表面形成黑色小粒点状的分生孢子器，

图 8 苹果轮纹病，病果（早期）

图 9 苹果轮纹病，病果

偶尔从分生孢子器中溢出白色丝状孢子角（图 10）。金冠等黄色品种，发病初期在皮孔（果点）处产生茶褐色小病斑，在病斑周围有红色素聚集而形成红色环轮，具典型症状（图 11）。在所有品种上虽然都可产生呈淡褐色或淡褐色与深褐色交替的同心轮纹状病斑，但有时轮纹不明显。该病病斑不凹陷，扩大甚至全果腐烂但果形不变，是区别于其他病害的特征（图 12、图 13）。

图 10　苹果轮纹病，病果（套袋）

图 11　苹果轮纹病，病果症状

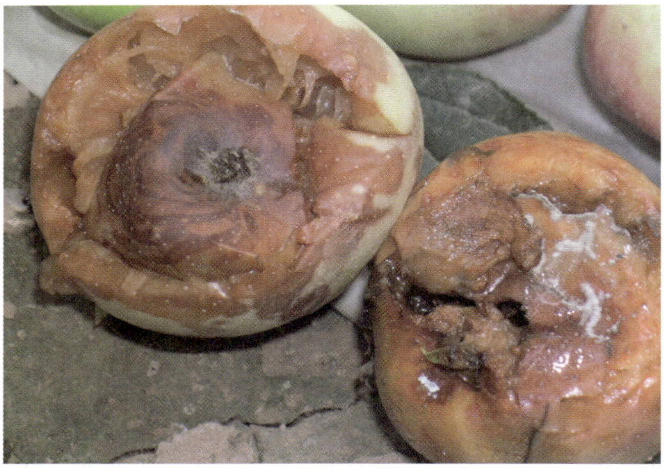
图 12　苹果轮纹病，病果（后期）

图 13　苹果轮纹病，病果（后期）

3. 叶片

病叶产生近圆形同心轮纹或不规则形的褐色病斑，直径为 0.5 ~ 1.5cm，后变为灰白色，并长出黑色小粒点（图 14、图 15）。

图 14　苹果轮纹病，为害叶片状

图 15　苹果轮纹病，为害叶片状

发生规律

病原菌以菌丝体、分生孢子器及子囊壳在被害枝干上越冬，是初次侵染和连续侵染的主要菌源。菌丝体在枝干病组织中可存活 4 ~ 5 年，每年 4 ~ 8 月分生孢子扩散，随风雨传播，经皮孔或伤口侵染枝干和果实。病原菌具有潜伏侵染特点，在落花后 10 d 左右即可侵染幼果，但不发病，当果实近成熟时，潜伏病原菌迅速蔓延扩展，导致果实表现症状。果实近成熟至采收期为田间发病高峰，储藏期可继续发病。

该病的发生和流行与降水、品种、栽培管理及树势关系密切。多雨潮湿有利于病菌孢子的散发及侵染；结果量过大、树势衰弱，枝干和果实受害严重；富士、红星、乔纳金、金冠、嘎拉最易感病。

防治措施

1. 枝干

刮除枝干上的病斑是一个重要的防治措施，一般可在发芽前进行。刮除病斑后对枝干喷淋 1 次 3 ~ 5 波美度石硫合剂，或 45% 代森铵水剂 300 倍液，或 21% 过氧乙酸水剂 300 ~ 400 倍液。5 ~ 6 月病菌侵染期可结合防治其他病害兼治。

2. 果实

（1）农业防治：秋冬季清除病残果，及时套袋，套袋前应药剂防治 2 ~ 3 次。

（2）化学防治：从落花后 7 ~ 10 d 开始喷杀菌剂，10 d 左右喷 1 次，连喷 2 ~ 3 次。尤其是每次降水后，均应喷药治疗性杀菌剂。主要药剂有 80% 代森锰锌可湿性粉剂 800 倍液，或 40% 氟硅唑乳油 8 000 倍液，或 10% 苯醚甲环唑水分散性粒剂 1 500 ~ 2 000 倍液，或 70% 甲基硫菌灵可湿性粉剂 800 ~ 1 000 倍液，或 50% 多菌灵可湿性粉剂 800 ~ 1 000 倍液等。

（3）贮藏期防治：果实运输贮藏前剔除病果及其他有损伤的果实，入窖前要在药剂中浸泡杀菌。贮藏期应保持低温。

4. 苹果霉心病

分布为害

苹果霉心病又名心腐病，河南省苹果产区均有发生。近几年随着果实套袋呈加重趋势。

症状特征

主要为害果实，造成果实心腐（图 1，图 2）、心霉（图 3），可早期脱落。果实受害从心室开始，逐渐向外扩展霉烂。病果果心变褐，充满灰绿色的霉状物，也有呈现粉红色霉状物的。近成熟果实受害偶有果面发黄、果形不正或着色较早的现象。

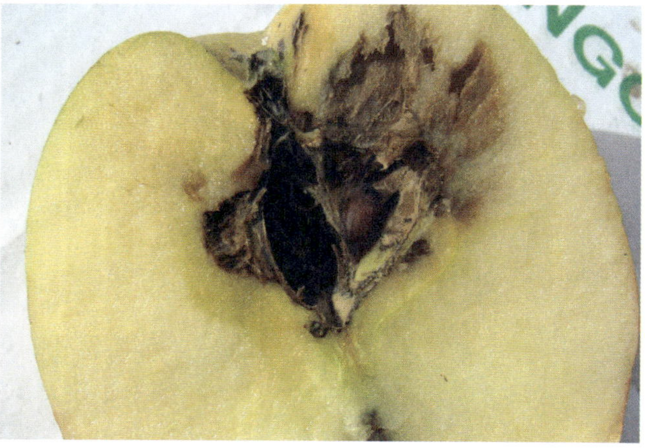

图 1　苹果霉心病，果实果心变褐

图 2　苹果霉心病，心霉型病果

图 3　苹果霉心病，心腐型病果

发生规律

苹果霉心病病原菌有多种，以链格孢菌、粉红单端孢菌、串球镰孢菌为主。病菌主要在树上僵果、芽鳞片、枯死小枝及落叶中越冬。翌春产生分生孢子，靠气流传播侵染。病菌自花期开始到果实生长期都可侵染，其中以花期侵染率最高。病菌通过花和果实的萼筒进入心室扩展蔓延或潜伏，6月可见病果，但以果实生长后期居多。有些病果到贮藏期才表现症状，引起霉烂。该病的发生与气候、品种密切相关。冬季温暖，花期遇低温多雨有利于病菌的侵染；果实套袋早，病果率高；果实萼口开放、萼筒较长的元帅、红星等品种易感病。

防治措施

1. 农业防治

剪除树上僵果、枯枝，清扫落叶、落果，并集中烧毁，以减少越冬菌源；及时排涝，改造树形，避免密闭。

2. 适时套袋

选择透气性好的优质果袋，适时套袋。

3. 化学防治

花期用药是控制该病的关键时期。在花露红期或花末期用药。可选用70%代森联水分散粒剂800倍液，或3%中生菌素可湿性粉剂800倍液，或3%多抗霉素可湿性粉剂600～800倍液，或43%戊唑醇悬浮剂5 000倍液喷雾等。

4. 低温贮藏

5. 苹果锈果病

分布为害

锈果病又称“花脸”病，是苹果上常见的病毒病。在河南省各苹果产区均有发生。一旦发生，损失较大（图 1）。

图 1　苹果锈果病，田间为害状

症状特征

苹果锈果病症状可分为几种类型。

1. 锈果型

锈果型是主要的症状类型。发病初期在果实顶部产生深绿色水渍状病斑，逐渐沿果面纵向扩展，发展成为规整的4～5条木栓化铁锈色病斑（图2，图3），但也有不呈条状而呈不规则状的锈斑分布在果面上（图4，图5）。锈斑组织仅限于表皮，后发生龟裂，致果面粗糙，果实畸形。病果易萎缩脱落，不能食用（图6）。秦冠、青香蕉多为此类型。

图2　苹果锈果病锈果型病果

图3　苹果锈果病果面症状

图4　苹果锈果病田间为害状

图5　苹果锈斑病病果（锈果型）

图6　苹果锈果病病果（剖面）

2. 花脸型

一般病果着色前无明显症状，着色后，果面呈红、黄、绿相间的花脸症状（图7，图8）。新红星品种多属此类型。

图7　苹果锈果病花脸型病果

图8　苹果锈果病花脸型后期

3. 锈果花脸复合型

病果着色前，多在果实上产生锈色斑块；着色后，在果面或锈斑周围产生不着色的斑块，呈花脸状（图 9，图 10）。多发生在元帅、华冠等中熟品种上。

图 9　苹果绣果病混合型病果

图 10　苹果锈果病混合型病果

发生规律

引起锈果病的病原是病毒。仅通过嫁接和病健树根部接触传染。嫁接后潜育期为 3 ~ 27 个月。感病苹果、病株种子、花粉不带毒。带病接穗及带病苗木的调运，是该病远距离传播的主要途径。

防治措施

（1）加强检疫：禁止带病接穗及带病苗木调运。
（2）选用无毒接穗及砧木，用种子繁殖砧木，选用无毒或无病接穗。
（3）清除病树，发现病苗拔除烧毁；新区发现病树，立即连根刨掉销毁。
（4）苹果和梨树避免混栽，新建苹果园应远离梨园。
（5）加强管理，培育壮树，提高抗病能力。

6. 苹果炭疽病

分布为害

苹果炭疽病又称苦腐病、晚腐病，主要侵染果实，是苹果的主要病害之一，河南省苹果产区均有发生。

症状特征

果实受害初期果面上出现褐色水浸状小圆斑，边缘清晰，后迅速扩大，软腐下陷，呈褐色或深褐色（图 1）。病斑呈漏斗状向深层扩展。病斑发展中后期表面产生小粒点，呈同心轮纹状排列（图 2，图 3）。湿度大时，小粒点（分生孢子盘）溢出粉红色分生孢子团。病斑扩展迅速，常导致全果腐烂、脱落，或病果失水干缩呈黑色僵果。

在温暖条件下，病菌可以在衰弱或有伤的 1 ~ 2 年生枝上形成小溃疡，病部略凹陷，边缘有稍隆起的愈伤组织，皮多开裂，有时有树脂流出。

图 1　苹果炭疽病病果（套袋）

图 2　苹果炭疽病病果病斑上孢子轮纹排列状

图 3　苹果炭疽病病果（病斑腐烂）

发生规律

病菌以菌丝体在病僵果上和枯死枝、果苔等部位越冬，是翌年初侵染的主要菌源。也能在梨、葡萄、刺槐上越冬。翌春遇到适宜温湿度条件即产生分生孢子，借风雨或昆虫传播。分生孢子产生芽管直接或通过果实皮孔、伤口侵入表皮。7 ～ 8 月是该病的盛发期。病菌花后 10d 开始侵染，近成熟期发病。已侵染病果在贮藏期间发病腐烂。高温、多雨年份发病重。

防治措施

1. 农业防治

结合冬季修剪，彻底剪除树上的枯枝、病虫枝、干枯果苔和小僵果等，清除越冬菌源。生长期发现病果或当年的小僵果，应及时摘除，以减少侵染源；改良土壤，合理密植和修剪，注意通风排水，降低果园湿度，平衡施肥。

2. 套袋

花后药剂防治 2 次即套袋，可大大地控制其侵染发病。

3. 化学防治

休眠期防治：可在萌芽前喷施 45% 代森铵水剂 300 倍液，或 3 ～ 5 波美度石硫合剂 1 次，并铲除树体菌源。

生长期药剂防治：苹果炭疽病发生侵染期早、为害期长和多次侵染的特点，应连续喷药防治。谢花后半月的幼果期（5 月中旬），病菌开始侵染时，喷 80% 代森锰锌可湿性粉剂 800 倍液，或 10% 苯醚甲环唑水分散粒剂 1 500 ～ 2 000 倍液，或 40% 氟环唑乳油 6 000 ～ 8 000 倍液，或 20% 腈菌唑可湿性粉剂 1 500 倍液 2 ～ 3 次，隔 10 ～ 15 d 喷一次。套袋后可结合其他病害防治，选择喷洒 1 ∶ 2 ∶ 200 倍波尔多液，或 25% 烯唑醇可湿性粉剂 2 000 倍液，或 43% 戊唑醇悬浮剂 4 000 ～ 5 000 倍液等。

7. 苹果树缺铁黄叶症

分布为害

缺铁黄叶症又叫白叶症、褪绿症等，河南省苹果产区都有发生，在盐碱土或钙质土的果区发生重。

症状特征

苹果树缺铁黄叶症主要表现在新梢的幼嫩叶片上。初期叶肉变黄，叶脉两侧保持绿色，叶片呈绿色网纹状失绿（图 1，图 2）。随病势发展，叶片失绿程度加重，全叶变为黄白色，叶缘枯焦，引起落叶（图 3）。严重缺铁时，新梢顶端枯死。

图 1　苹果树缺铁黄叶病症状

图 2　苹果树缺铁黄叶病病叶叶肉变黄

图 3　苹果缺铁后期从叶片边缘焦枯

发生规律

苹果树缺铁黄叶症由缺铁所致。

防治措施

改良土壤，释放被固定的铁元素；适当补充可溶性铁，效果较好。

（1）增施有机肥、种植绿肥以增加土壤有机质含量，改土治碱释放被固定的铁元素。

（2）补充铁素：一是发芽前枝干喷施 0.3% ～ 0.5% 的硫酸亚铁溶液，抑制发病，但不能持久。二是把硫酸亚铁与有机肥按 1 ∶ 5 的比例混合，每株施用 10 ～ 15 kg，或在土壤中施用螯合铁（乙二胺四乙酸合铁），效果比较明显。三是生长期喷施氨基酸铁或黄腐酸铁 1 000 倍液。

8. 梨树腐烂病

分布为害

梨树腐烂病在河南省梨区发生广泛，主要发生在盛果期的梨树上，是梨树最重要的枝干病害。严重发生时可造成死树和毁园。

症状特征

梨树腐烂病又名臭皮病，为害梨树枝干。多发生在主干主枝和侧枝上，病部易发于枝干的向阳面，桠部也易发病。发病初期病部呈红褐色，椭圆形或不整形，水渍状，稍肿起，用手指压之，病部下陷。病部组织糟烂，有时溢出红褐色汁液，发出酒糟气味（图1，图2）。发病后期，病皮表面出现小疣状突起，渐突破表皮，露出黑色小点粒，即病原菌的子座和分生孢子器，病部表面色泽转暗，逐渐变为黑褐色至炭黑色，干缩下陷并于病健交界处发生龟裂（图3），病情严重时，树体局部或全部死亡（图4）。

图1　梨树腐烂病树干腐烂症状

图2　梨树腐烂病为害树干病斑

图3　梨树腐烂病树枝腐烂

图4　梨树腐烂病致梨树死亡

发生规律

病原菌以菌丝体、分生孢子器、子囊壳在枝干病组织内越冬，翌年春暖气温升高时继续扩展为害。病菌分生孢子从分生孢子器中涌出，随风雨传播，经伤口或坏死组织侵入。该病一年有春秋两次发病高峰，春季病部扩展快，夏季停止发展，秋季再次活动，但秋季为害轻于春季。腐烂病的发生与栽培管理措施、树势强弱有很大关系。栽培管理粗放、树势衰弱则发病重。不同品种对腐烂病的抗性有差异，西洋梨系统易感病，中国梨系统次之，日本梨系统较抗病。

防治措施

1. 农业防治

加强栽培管理，增强树势，提高树体抗病能力；新梨园春季要做好开沟排水，挖沟降低地下水位，防止积水霉根；增施有机肥，合理配方施肥；结合树势合理修剪，疏花疏果，控制负载量，减少修剪伤口，避免出现大小年；入冬前和入夏前树干涂白，预防冬季冻伤和夏季高温日灼，减少伤口，防止病菌侵入。及时收集清理病枝、病皮、残桩，集中烧毁，防止病菌滋生，预防传染。

2. 刮治病部

在秋冬季和春季发病盛期进行，用锋利的刀彻底刮除病斑，深达木质部，并刮除病斑边缘 0.5 ~ 1 cm 的健康组织，并用 50% 丙环唑可湿性粉剂 600 倍液，或 5% 菌毒清水剂 30 ~ 50 倍液，或 21% 过氧乙酸水剂 2 ~ 5 倍液，或 1.6% 噻霉酮悬浮剂原液涂抹。使用的刀具要“一疤一消毒”。此病易复发，夏、秋应及时检查补治。

3. 化学防治

早春果树萌芽前，对主干、骨干枝及枝组进行细致淋湿性喷药。7 月刮掉枝干老翘皮，药液涂杆。11 月上旬对枝干、叶片喷药清园，这是预防腐烂病的三个关键措施。药剂可选用 43%戊唑醇悬浮剂 1 000 倍，或 21% 过氧乙酸水剂 200 倍液，或 45% 代森铵水剂 400 ~ 500 倍液，或 3 ~ 5 波美度石硫合剂。

9. 梨黑星病

分布为害

梨黑星病又称疮痂病、雾病，河南省梨产区均有发生，是梨树上的主要病害。主要为害叶片、枝梢和果实，常造成严重损失。

症状特征

梨黑星病能侵染梨树所有的绿色幼嫩组织，主要侵害叶片、枝梢和果实。

1. 叶片　幼叶易感病，多先在叶背面的主脉和支脉之间出现黑绿色至黑色霉状物，后在霉状物对应的正面出现淡黄色病斑，严重时整个叶片布满黑色霉层。叶脉上的病斑多为长条形中部凹陷的黑色霉斑。叶柄和果梗上的症状相似，为黑色椭圆形凹陷斑，病部覆盖黑霉，缢缩，失水干枯。叶片感病往往引起早期落叶。

2. 果实　从幼果期至梨果成熟期均可受害。发病初期为淡黄色斑点，后病斑扩大并长满黑霉（图1），病斑有时呈绿色斑，俗称“青疔”（图2）。幼果受害常畸形、开裂、早落，果实膨大期受害不畸形，

图1　梨黑星病为害果实前期症状

图2　梨黑星病病果后期病斑

在果面形成圆形、黑褐色的凹陷病斑，表面木栓化、开裂，呈荞麦皮状，并可生黑霉（图 3）。常与梨轮纹病混合发生（图 4）。

图 3　梨黑星病病果上病斑

图 4　梨黑星病与梨轮纹病混发症状

3. 枝梢　病芽萌发形成病梢，一般年份从 4 月下旬开始出现。其特点是从新梢基部向上，在枝条上产生一层浓密的墨绿色至黑色霉状物，可扩展到叶柄和叶片基部。病梢叶片初变红，再变黄，最后干枯脱落，只留下一个附着病原霉层的光枝条，俗称“黑橛”。

发生规律

主要以分生孢子或菌丝在病梢、病芽上越冬，也能以分生孢子、菌丝团和未成熟的子囊壳在落叶上越冬。分生孢子经风雨传播，病菌侵入后 14 ~ 25 d 可表现出症状。条件适宜可多次侵染。该病自落花至采收均可发生，发病盛期在 7 ~ 8 月。果实采收前侵染的，贮藏期仍可发病。

该病发生与降水关系密切，雨水多的年份和地区发病重。梨树的种和品种之间抗病力差异很大，中国梨最易感病，日本梨次之，西洋梨较抗病。

防治措施

1. 农业防治

冬春季节及时清除残枝落叶，减少越冬菌源。生长期发现病花、病枝、病果立即摘除，避免发生再侵染。

2. 套袋防病

套袋前注意药剂保护，并及时进行套袋，避免病原侵染果实。

3. 化学防治

（1）春芽萌动时，喷 1 ~ 3 波美度石硫合剂进行清园。

（2）生长期防治，一是 4 月下旬至 5 月中旬及时喷药，防止病菌侵染；二是 7 月上中旬及时控制病害蔓延。防治药剂有 1 ∶ 2 ∶ 200 倍式波尔多液或其他铜制剂，或 50% 醚菌酯水分散粒剂 2 000 ~ 3 000 倍液，或 10% 苯醚甲环唑水分散粒剂 1 000 ~ 1 500 倍液，或 40% 氟硅唑乳油 6 000 ~ 8 000 倍液，或 12.5% 烯唑醇 3 000 倍液或 25% 腈菌唑乳油 4 000 ~ 5 000 倍液，或 80% 代森锰锌可湿性粉剂 800 倍液等。

10. 梨树白粉病

分布为害

梨树白粉病在河南省各梨产区均有发生，主要为害叶片和新梢。

症状特征

叶片受害，最初在叶背面产生圆形的白色霉点，后扩展成不规则白色粉状霉斑，严重时布满整个叶片（图 1，图 2）。发病后期白粉病斑上形成黄褐色小粒点，后变为黑色，即病原闭囊壳。

图 1　梨树白粉病叶片上白色粉层

图 2　梨树白粉病叶片霉斑

发生规律

病菌以菌丝、子囊壳在病叶或黏附在枝干表面越冬，春季侵入叶背，6 ~ 7 月循环为害，秋季为发病盛期。密植梨园、通风不畅、排水不良或偏施氮肥的梨树容易发病。

防治措施

1. 农业防治

彻底清扫落叶，清除病源。发芽前喷 1 次 3 ～ 5 波美度石硫合剂，杀死树上的越冬病菌；加强栽培管理，增施有机肥，防止偏施氮肥，合理修剪，使树冠通风透光。

2. 化学防治

7 月上中旬喷洒 1 ～ 2 次杀菌剂，可用 5% 己唑醇悬浮剂 1 500 倍液，或 43% 戊唑醇悬浮剂 6 000–8 000 倍液，或 70% 甲基托布津可湿性粉剂 1 000 倍液，或 15% 三唑酮可湿性粉剂 1 000 倍液等。

11. 梨轮纹病

分布为害

梨轮纹病又称瘤皮病、粗皮病，俗名水烂，是河南省梨树的一种主要病害。分布广泛。枝干发病后，促使树势早衰，果实受害，造成烂果，并且引起贮藏果实的大量腐烂。

症状特征

该病主要为害果实和枝干，有时也为害叶片。

1. 果实　初期以皮孔为中心发生水渍状浅褐色至红褐色圆形坏死斑。后病部组织软腐扩展，但不凹陷，十几天可全果腐烂。（图 1，图 2）。

2. 枝干　初期以皮孔为中心产生红褐色近圆形或不规则形病斑，病斑中心突起，如疣状物，边缘龟裂，与健康组织形成一道环沟，严重时，病组织

图 1　梨轮纹病果实受害状

翘起如马鞍状。多病斑常相连，病部表皮粗糙，故有粗皮病之称（图 3）。病斑一般限于树皮表层。

图 2　梨轮纹病病斑上轮纹状

图 3　梨轮纹病为害梨树枝干，枝干“粗皮”状

发生规律

以菌丝体、分生孢子器及子囊壳在病部越冬，枝干上的病菌是翌年的主要初侵来源。病组织中越冬的菌丝体，至翌年梨树发芽时继续扩展侵害梨树枝干。分生孢子借风雨传播，从枝干、果实或叶片上的皮孔侵入，潜育期 15d 左右。果实受害多在幼果期侵染，近成熟期发病，贮藏期仍可发病。一般温暖多雨的气候发病较重；日本梨比中国梨易感病，鸭梨、雪花梨易染病。

防治措施

1. 清除菌源

冬季和早春萌芽前，精心刮除病皮，清除病菌初侵染源。而后对枝干喷淋 1 次 3 ～ 5 波美度石硫合剂，或 45% 代森铵水剂 300 倍液，或 21% 过氧乙酸水剂 300 ～ 400 倍液。5 ～ 6 月病菌侵染期可结合其他病害对病树枝干进行喷药防治。

2. 加强果园管理

增强树势，增施磷、钾肥，控制氮肥，提高抗病力。

3. 化学防治

从落花后 7 ～ 10 d 开始喷杀菌剂，10 d 左右喷 1 次，连喷 2 ～ 3 次。每次降水后，均应喷药治疗性杀菌剂。药剂有 80% 代森锰锌可湿性粉剂 800 倍液，或 40% 氟硅唑乳油 8 000 倍液，或 10% 苯醚甲环唑水分散性粒剂 1 500 ～ 2 000 倍液，或 70% 甲基硫菌灵可湿性粉剂 1 000 ～ 1200 倍液，或 50% 多菌灵可湿性粉剂 800 ～ 1 000 倍液等。

4. 套袋防病

疏果后喷 1 ～ 2 次有机杀菌剂防护后果实套袋，可以抑制发病。

12. 梨树锈病

分布为害

梨树锈病又名赤星病，是梨树重要病害之一。广泛分布于河南省梨产区，主要为害叶片、新梢和幼果。在梨园附近栽植有桧柏的地区，发病较重。

症状特征

1. 叶片　发病初期在叶正面产生橙黄色、有光泽的小斑点（图 1），后扩大并渐变肥厚，叶片背面隆起（图 2），正面微凹陷（图 3），在隆起部位长出多条灰黄色的毛状物，即病菌

图 1　梨树锈病为害叶片（初期）

图 2　梨树锈病叶片为害状（叶背）树

的锈孢子器（图 4，图 5）。锈孢子器成熟后，先端破裂，散出黄褐色粉末，即病菌的锈孢子。后病斑逐渐变黑。病斑较多时，易引起早期脱落。

2. 幼果　发病初期与叶片上的症状相似。病部稍凹陷，病斑上密生初橙黄色后变黑色的小粒点。后病斑表面产生毛状锈孢子器。病果生长停滞，常畸形早落。

图 3　梨树锈病为害叶片症状（正面）

图 4　梨树锈病为害叶部症状

图 5　梨树锈病锈孢子器（叶背）

发生规律

梨锈病有转主寄生的特性，病菌多年生菌丝体必须转主寄生在桧柏、龙柏上越冬，才能完成其生活史。在桧柏、龙柏上的越冬菌源菌瘿翌年春季形成冬孢子角，遇雨吸水膨胀，冬孢子萌发，产生的担孢子借风传播，散落在梨树的嫩叶、新梢、幼果上，从表皮细胞或从气孔侵入。展叶后 20 d 最易感染，展叶 25 d 以上的叶片不易受感染。侵入后经 6 ～ 10 d 出现病斑。

梨园周围转主寄主多、梨树展叶期气温高、降水多，发病重。品种方面，中国梨易感病，日本梨次之，西洋梨最抗病。

防治措施

1、清除转主寄主

清除梨园周围 5 000 m 以内的桧柏、龙柏等转主寄主。新建梨园，应离开转主寄主种植区。

2. 铲除越冬菌源

彻底砍掉梨园周围的转主寄主，已有桧柏而又不能砍除的风景区或城市绿化区，在春季雨前彻底剪除桧柏上的带菌枝条，喷 1 ～ 2 波美度石硫合剂，或 1 ∶ 2 ∶ 200 波尔多液。

3. 化学防治

梨树发芽期喷一次药，隔 10 ～ 15 d 再喷 1 次；春季多雨年份，应在花后再喷 1 次；三唑类杀菌剂对该病有特效，可选用 15% 三唑酮可湿性粉剂 1 000 ～ 1 500 倍液，或 43% 戊唑醇悬浮剂 6 000 倍液，或 5% 己唑醇悬浮剂 1 500 倍液喷雾防治。

13. 梨树灰斑病

分布为害

梨树灰斑病发生比较普遍，在河南省梨区均有发生。

症状特征

主要为害叶片，叶受侵染后，出现褐色小点，逐渐扩大成近圆形病斑（图 1），病部变灰白色透过叶背，病斑直径一般为 2 ~ 5mm，后期病部正面生出黑色小突起，为该病的分生孢子器，病斑表面易剥落。严重地块叶发病高，每叶病斑可多达几十个（图 2，图 3）。

图 1　灰斑病叶部圆形病斑

图 2　灰斑病叶部早期症状

图 3　梨树灰斑病为害叶片后期症状

发生规律

此病是一种真菌性病害，以分生孢子借风雨传播侵染，每年 6 月即可见到症状，7 ~ 8 月为发病盛期，多水年份发病重，多雨季节发病快。

防治措施

1. 农业防治

清除落叶，集中烧毁以减少菌源。

2. 化学防治

发病前或雨季到来前喷药预防，可喷多量式波尔多液 200 ~ 240 倍液，或 50% 多菌灵可湿性粉剂或 40% 甲基硫菌灵悬浮剂 700 ~ 800 倍液。一般年份喷药 2 ~ 3 次，降水多的年份喷药 3 ~ 4 次。

14. 梨树褐斑病

分布为害

梨树褐斑病又称斑枯病、白星病，河南省各地梨区都有发生，仅为害叶片。发病重的果园，可引起大量早期落叶造成减产。

症状特征

发病初期在叶上产生近圆形病斑（图 1），以后逐渐扩大。病斑中间为灰白色，其上密生黑色粒点，周围淡褐色至深褐色，最外层为紫褐色至黑色。发病严重的叶片，一片叶上有十多个病斑，病斑相连呈不规则大病斑，导致叶片早期落叶（图 2，图 3）。

图 1　梨树褐斑病叶片病斑（早期）

图 2　褐斑病叶片为害状

图 3　褐斑病为害叶背症状

发生规律

病菌在脱落的病叶上越冬，翌年春天梨树发芽后借风雨传播到新叶上侵入，引起初侵染。梨树生长季节可进行再侵染。7 月上旬雨季来临后进入发病盛期。在雨水多的年份发病严重，以西洋梨品种最易感病，日本梨次之，中国梨抗病力较强。

防治措施

1. 做好清园

秋冬季扫除落叶，集中烧毁或深埋，以减少病源。

2. 加强栽培管理

增施有机肥，合理整枝修剪，促使树体健壮，提高抗病力。

3. 化学防治

梨树萌芽前喷 1 ∶ 2 ∶ 200 波尔多液；谢花后如遇雨要及时喷洒一遍 40% 多菌灵悬浮剂 600 ~ 800 倍液，或 70% 甲基硫菌灵可湿性粉剂 1 500 倍液；7 ~ 8 月结合防治其他病害，每隔 20 d 喷石灰等量式波尔多液或其他杀菌剂。

15. 梨炭疽病

分布为害

梨炭疽病也称苦腐病。在河南省各地均有发生。主要为害枝条和果实。

症状特征

1. 果实　果实多在生长中、后期发病。发病初期，果面出现淡褐色的小圆斑，后渐扩大，色深且软腐下陷。病斑表面颜色深浅交错，具明显的同心轮纹。在病斑处表皮下形成无数小粒点，有时排成同心轮纹状。果肉腐烂的形状常呈圆锥形，果肉变褐，有苦味。发病严重时，果实大部分或全部腐烂，引起落果或干缩成僵果。（图 1）

2. 枝条　多发生于枯枝或病虫为害、生长衰弱的枝条上，发病初期形成圆形深褐色小斑，后成椭圆形或长条形，病斑中部干缩凹陷，病部皮层与木质部逐渐枯死。

图 1　梨炭疽病果实病斑

发生规律

病菌以菌丝体在僵果或病枝上越冬。翌年温湿度适宜时，产生大量的分生孢子，借风雨或昆虫传播，引起初次侵染。病果多出现在越冬病菌周围，然后向下呈伞状扩展蔓延，有分片集中现象。早发病的果实，都能形成新的侵染中心。1 年内多次侵染，直到采收。

病害的发生和流行与雨水密切相关，4 ~ 5 月多阴雨则侵染早，6 ~ 7 月阴雨连绵则发病重。地势低洼、土壤黏重、排水不良的果园发病重。树势弱、日灼严重和通风透光不良的梨树病重。

防治措施

1. 铲除病源

冬季结合修剪，把剪除枯枝、病虫为害枝、破伤枝及僵果等集中烧毁。梨树发芽前喷 2 ～ 3 波美度石硫合剂或 45% 晶体石硫合剂 50 倍液。

2. 加强栽培管理

增施有机肥，改良土壤，增强树势。雨季及时排水，合理修剪。及时中耕除草。

3. 化学防治

落花后喷 1 次药，以后隔半月 1 次，连续 2 ～ 3 次（可结合其他病害防治进行）。药剂有：20% 腈菌唑可湿性粉剂 1 500 倍液，或 30% 戊·多悬浮剂 800 倍液，或 10% 苯醚甲环唑水分散粒剂 1 500 倍，或 25% 嘧鲜胺乳油 2 000 倍液等。提倡交替轮换使用农药，提高药效，避免或延缓产生抗药性。

4. 果实套袋保护，套袋前喷一次高效杀菌剂

5. 低温贮藏

采收后在 0 ～ 15℃低温贮藏可抑制贮藏期病害发展。

16. 梨褐腐病

分布为害

梨褐腐病又叫菌核病，为害果实，是梨树生长后期至储藏期的一种重要病害。该病在河南省梨区均有发生。

症状特征

梨褐腐病只为害果实，造成果实腐烂。果实发病常以伤口为中心，发病初期形成圆形或近圆形、淡褐色至褐色软腐病斑，后迅速扩大，致全果腐烂。病斑扩大蔓延的同时，围绕病斑中心逐渐形成同心轮纹状排列的灰白色至灰褐色绒状霉丛（图 1）。大多数病果早期脱落，后期病果失水干缩成僵果。储藏期果实发病，出现特殊蓝黑色斑块。

图 1　梨褐腐病病果

发生规律

主要以菌丝体在病、僵果内越冬。分生孢子借风雨传播，8 月上旬至 9 月上旬果实近成熟期病菌通过伤口或皮孔侵入果实。在田间可以多次再侵染。贮藏期病健果接触也可传染。果实近成熟期又遇多雨潮湿天气，利于褐腐病流行。

防治措施

1. 搞好果园清洁，清除初侵染源，彻底清除病、僵果。

2. 生长期喷药保护，果实成熟前一个半月喷药保护，连喷 2~3 次即可有效地控制病害发生。常用药剂有 10% 多抗霉素可湿性粉剂 1 000 ~ 1200 倍液，或 40% 乙烯菌核利可湿性粉剂 800 ~ 1200 倍，或 50% 多菌灵可湿性粉剂 800 倍液，或 40% 甲基硫菌灵悬浮剂 600 ~ 1 000 倍液。

3. 低温贮藏　贮藏前彻底挑除各种病、伤果及虫果；贮藏期间，温度应保持在 1~2℃。

17. 梨树黑斑病

分布为害

梨树黑斑病主要为害叶片、新梢及果实，在河南省分布广泛，果实发病后引起裂果和早期落果，损失较大。

症状特征

1. 叶片　病斑中心灰白色，边缘黑褐色，有时微现轮纹。潮湿时，病斑表面遍生黑霉。

2. 果实　病斑略凹陷，表面着生黑霉（见图 1）。发病果实长大时，果面发生龟裂，裂隙可深达果心，在裂缝内也会产生黑霉，病果易早落。

3. 新梢　病斑初为黑色，椭圆形，稍凹陷，后扩大为长椭圆形，凹陷明显，淡褐色，病部与健部分界处常产生裂缝。

图 1　梨树黑斑病果实为害状

发生规律

病菌以分生孢子及菌丝体在被害枝梢、病芽、病果梗、树皮及落于地面的病叶、病果上越冬。翌年春季，越冬的病组织上新产生的分生孢子，通过风雨传播。孢子萌发后经气孔、皮孔侵入或直接穿透寄主表皮侵入，引起初次侵染。生长季节可以出现多次侵染。嫩叶易感病，老叶上潜育期较长，展叶 1 个月以上的叶片不再感染。

果实于 5 月开始发病，病斑黑色有光泽、微下陷。后病斑增大造成龟裂，7 月下旬至 8 月上旬病果大量脱落。

防治措施

1. 农业防治

地势低洼、排水不良的果园，果树萌芽前剪除有病枝梢，清除果园内的落叶、落果，并集中烧毁；加强栽培管理，及时开沟排水。发病重的梨园，冬季修剪宜重；发病后及时摘除病果。

2. 套袋

套袋可以保护果实，免受病菌侵害。

3. 化学防治

梨树发芽前，喷 3 ~ 5 波美度石硫合剂，以杀灭枝干上越冬的病菌。生长期注意喷药保护，喷后立即套袋。药剂可用 1 ∶ 2 ∶ 200 波尔多液，或 80% 代森锰锌水分散粒剂 800 倍液，或 10% 苯醚甲环唑水分散粒剂 1 500 ~ 2 000 倍液，或 25% 丙环唑可湿性粉剂 1 500 倍液，或 3% 多抗霉素可湿性粉剂 600 ~ 800 倍液，或 40% 异菌脲悬浮剂 1 500 倍液。其中波尔多液不宜在幼果期或阴雨天气使用，果实套袋后使用效果佳。

第二部分

果树主要害虫

1. 山楂叶螨

分布为害

山楂叶螨又称山楂红蜘蛛，是苹果树的主要害螨之一，在河南省苹果产区均有分布。寄主植物除苹果外，还有梨、桃、杏、山楂等。

山楂叶螨以成螨、幼螨、若螨刺吸寄主叶片汁液为害（图1，图2）。叶片受害初期，表面出现失绿斑点，后发展成褪绿斑块（图3），叶脉两侧出

图1　山楂叶螨叶面为害

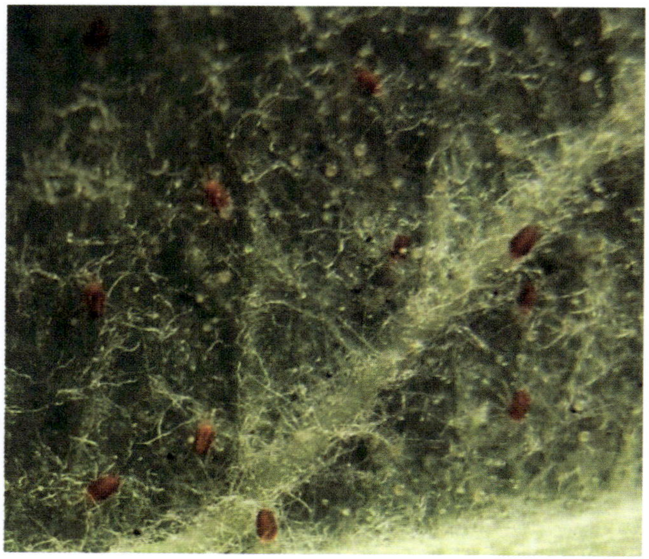

图2　山楂叶螨在叶背为害

图3　山楂叶螨为害叶片失色斑

现大块黄斑（图 4，图 5），严重时在叶片背面甚至正面吐丝结网（图 6，图 7），致叶片苍白焦枯，似火烧状（图 8）。造成叶片提早脱落，削弱树势，果树二次发芽开花，不仅影响当年果实产量和品质，还影响翌年花芽形成和产量。

图 4　山楂叶螨叶脉处为害状

图 5　山楂叶螨为害叶片失绿

图 6　山楂叶螨为害叶片畸形

图 7　山楂叶螨受害叶焦枯（正面）

图 8　山楂叶螨受害叶焦枯（叶背）

形态特征

雌成螨：夏型雌成螨体长 0.5 ～ 0.7 mm，长卵圆形，红色至暗红色（图 9），背部稍隆起，背毛 26 根。冬型雌成螨体长 0.3 ～ 0.4 mm，枣核形，体鲜红色，尾端尖削。

雄成螨：呈枣核形，后期体端变细。

幼螨：足 3 对，初孵为圆形，黄白色，取食后渐变为椭圆形，淡绿色，体背两侧出现深绿长斑。
若螨：足 4 对，近球形，淡绿至浅橙黄色，后期近似成螨（图 10）。
卵：圆球形，光滑，浅黄白色至橙黄色。

图 9　山楂叶螨

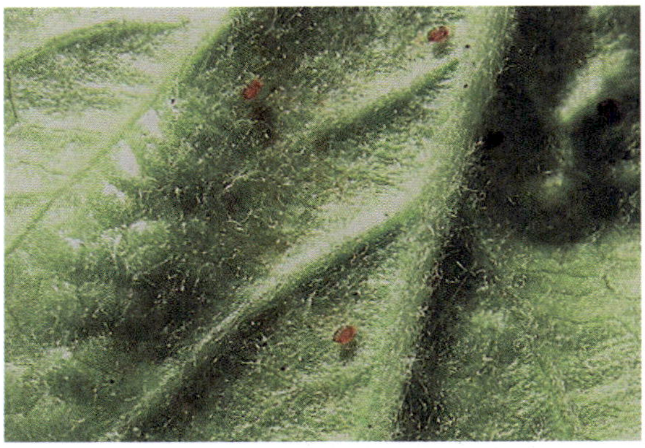

图 10　山楂叶螨若虫

发生规律

山楂叶螨 1 年发生 6 ~ 10 代，以受精雌成螨在果树主干、主枝及侧枝的粗老翘皮、裂缝中及主干周围的土壤缝隙中群集越冬。翌年 3 月下旬至 4 月上旬苹果花芽萌动后出蛰为害，此期气温稳定则出蛰较整齐，高峰明显但持续时间较短，以后各世代重叠发生。一般苹果现蕾后至开花前是其出蛰盛期，苹果盛花期越冬代成螨开始产卵，6 ~ 7 月高温干旱季节是全年发生为害高峰期。山楂叶螨行动不太活泼，常群聚叶背为害，有吐丝结网习性，卵产于丝网上。越冬雌成螨出蛰后顺枝干爬行扩散，最初集中在树冠内部，随着螨量增加，叶片营养条件变劣，成虫由树冠内膛向外转围扩散，分布全树为害。高温干旱气候条件下发生重。在平均气温为 24 ~ 26℃的 6 ~ 8 月，每月可繁殖 2 ~ 3 代，种群数量增长较快，一直为害至 10 月。

防治措施

1. 消灭越冬虫源

果树休眠期，刮除主干或主枝分叉以上的粗老树皮，然后喷施 3 ~ 5 波美度石硫合剂或 45% 石硫合剂晶体 30 ~ 40 倍液。清除落叶、枯枝，带出园外集中处理，消灭越冬成螨。

2. 生物防治

保护利用天敌，如捕食螨、食螨瓢虫、花蝽、草蛉等。苹果园花后引进释放胡瓜钝绥螨控制山楂叶螨效果良好。果树发芽前果园种草，为天敌提供适宜的栖息场所，增加天敌种群数量。

3. 化学防治

在果树花露红期当每芽有越冬雌成螨 2 头、落花后平均活动叶螨达 4 ~ 5 头 / 叶以上时，开始喷药。可喷施 20% 四螨嗪悬浮剂 2 000 倍液，或 5% 噻螨酮乳油 2 000 倍液杀卵。5 月中下旬可选用 1.8% 阿维菌素乳油 4 000 ~ 5 000 倍液，或 15% 哒螨酮乳油 1 500 ~ 2 000 倍液或 24% 螺螨酯悬浮剂 3 000 倍液喷雾防治；6 ~ 8 月根据果园害螨发生情况，可选用三唑锡、炔螨特或唑螨酯等，控制叶螨为害。

2. 苹果金纹细蛾

分布为害

苹果金纹细蛾又名金纹小潜叶蛾、苹果细蛾，俗名苹果潜叶蛾，广泛分布于河南各苹果主产区。发生严重可造成早期落叶，严重影响树势。

以幼虫从叶背潜入叶片上、下表皮之间取食叶肉，使叶下表皮与叶肉分离、皱缩，上表皮拱起，成椭圆形筛网状虫斑（图 1 ~ 图 3），大小约 10 mm；虫斑内残存黑色虫粪。剥开皱缩的下表皮，可见淡黄色幼虫或黄褐色的蛹。

图 1　金纹细蛾为害叶片状

图 2　金纹细蛾幼虫为害状

图 3　金纹细蛾幼虫为害状（叶背面）

形态特征

成虫：体长 2 ~ 3 mm，翅展约 6 mm。头部银白色，顶端有两丛金色鳞毛，复眼黑色。前翅柳叶形，以金色为主，从基部至中部有 3 条银白色条纹，端部前、后缘各有 3 条银白色放射状条纹，金银两色之间夹有黑线。后翅狭长，灰褐色，缘毛很长。

卵：扁椭圆形，长 0.3 mm，乳白色，有光泽。

幼虫：低龄幼虫淡黄色，1 ~ 3 龄无足，4 龄幼虫开始有足。末龄幼虫体长 4 ~ 6 mm，细纺锤形，体稍扁，淡黄色至黄色（图 4）。

蛹：体长约 4 mm，黄褐色，头两侧各有 1 个角状突起，触角较体长（图 5）。

图 4　虫斑中金纹细蛾幼虫

图 5　金纹细蛾蛹

发生规律

该虫在河南 1 年发生 6 代。以蛹在落叶虫斑内越冬。翌年苹果树花芽萌动时成虫开始羽化，羽化期约 20d。晴天时越冬代成虫多在树干附近飞舞交尾、产卵，一般先在萌蘖苗或树冠下部的叶片上产卵，苹果树展叶后产在嫩叶背面，单粒散产，每雌蛾平均产卵 40 ~ 50 粒。幼虫孵化由卵壳底部直接潜入叶内为害。老熟幼虫在虫斑内化蛹，羽化时前半部蛹壳露出虫斑外。成虫发生盛期越冬代 4 月中旬，1 ~ 5 代分别为 5 月下旬、6 月下旬、7 月下旬、8 月下旬、10 月中旬。除越冬代和 1 代成虫发生比较集中外，其余各代世代重叠比较严重。2 ~ 4 代幼虫为害严重，为害高峰期为 7 ~ 9 月。

苹果金纹细蛾在树上分布具有规律性，内膛明显高于外围，树冠北高于树冠南。不同品种的苹果为害程度有明显差异，国光、富士受害严重，红星受害较轻。

防治措施

1. 农业防治

秋、冬季及早春树上、树下彻底清除落叶，集中烧毁，消灭越冬蛹；结合春季修剪，彻底剪除萌蘖并加以处理，减少其产卵繁殖场所。

2. 物理防治

4 月上旬开始，利用性诱剂诱杀，每亩悬挂金纹细蛾性诱芯 3 ~ 5 个。

3. 药剂防治

发生严重果园重点防治一、二代幼虫。落花后立即用药防治 1 代初孵幼虫，落花后 40 d 左右防治 2 代幼虫，以后每间隔 1 个月左右用药 1 次防治各代幼虫，防治时间可利用金纹细蛾性诱剂诱集确定。当性诱剂某一天诱到成虫数量较前一天增加 3 ~ 5 倍时，立即喷药防治。药剂可选用 25% 灭幼脲悬浮剂或 20% 氟幼脲悬浮剂 1 500 ~ 2 000 倍液，或 20% 杀铃脲悬浮剂 8 000 倍液，或 1.8% 阿维菌素 2 500 倍液等。

3. 梨花网蝽

分布为害

梨花网蝽又名梨军配虫。分布于河南省各苹果、梨产区。主要为害叶片，以成虫、若虫群集在叶片背面刺吸汁液，受害叶片正面产生黄白色小斑点，虫量大时，许多斑点连成一片，形成白色斑块（图 1，图 2），严重时叶片变褐脱落。该虫的分泌物和排泄物使叶背呈现黄褐色锈斑，易诱发煤污病（图 3）。

图 1　梨花网蝽若虫为害叶片，叶片正面产生黄白色小斑点

图 2　梨花网蝽为害叶片叶片，正面产生黄白色斑块

图 3　梨花网蝽为害叶背呈现黄褐色锈斑状

形态特征

成虫：体黑褐色，扁平状，前胸发达，向后延伸盖于小盾片之上，前胸背板两侧有耳状突起，前胸背板和前翅布有网状花纹。

卵：长椭圆形，淡黄色。

若虫：初孵时乳白色，长大后暗褐色，无翅，腹部两侧有刺状突出（图 4，图 5）。

图 4　梨花网蝽若虫为害状（叶背）

图 5　梨花网蝽若虫

发生规律

梨花网蝽 1 年发生 3 ～ 4 代，以成虫在落叶下、树干翘皮下、树皮裂缝、土壤缝隙、果园杂草及果园周围的灌木丛中越冬。苹果发芽时出蛰，4 月下旬至 5 月上旬为出蛰盛期，出蛰期不整齐，5 月下旬后出现世代重叠。成虫在叶背主脉两侧的叶肉内产卵，卵单产，产卵处留有黄褐色黏液覆盖。高温干旱有利于梨花网蝽的繁殖为害，7 ～ 8 月是该虫全年为害最严重时期。

防治措施

1. 农业防治

梨花网蝽为害严重的果园，从 9 月开始，在树干上束草把，诱集成虫越冬，入冬后至成虫出蛰前解下草把烧毁。果树萌芽前，彻底清除果园的落叶、杂草，仔细刮除树干粗老翘皮，并集中烧毁，消灭越冬成虫。

2. 化学防治

抓住两个关键时期，一是越冬成虫出蛰盛期（落花后 10 d 左右），二是第一代卵孵化末期。防治药剂可选用 20% 呋虫胺水溶性粒剂 2 000 ～ 2 500 倍液，或 1.8% 阿维菌素乳油 5 000 倍液，或 40% 毒死蜱乳油 1 000 ～ 1 200 倍液，或 20% 甲氰菊酯乳油 2 500 ～ 3 000 倍液，4.5% 高效氯氰菊酯乳油 1 500 ～ 2 000 倍液等。施药时应注重喷洒叶片背面。

4. 苹果瘤蚜

分布为害

苹果瘤蚜在河南省各苹果产区均有分布。以成蚜、若蚜群集于叶片、嫩芽和幼果吸食汁液为害，受害叶边缘向背面纵卷成条筒状（图 1，图 2），被害果面生有凹陷红斑。

图 1　苹果瘤蚜为害状

图 2　苹果瘤蚜为害嫩叶，纵卷

形态特征

无翅胎生雌蚜体长 1.4 ～ 1.6 mm，近纺锤形，体暗绿色或褐绿色，头漆黑色，复眼暗红色，具有明显的额瘤。有翅胎生雌蚜体长 1.5 mm 左右，卵圆形。头、胸部暗褐色，具明显的额瘤，且生有 2 ～ 3 根黑毛。若蚜小，体淡绿色（图 3）。卵长椭圆形黑绿色而有光泽，长径约 0.5 mm。

图 3　苹果瘤蚜若蚜

发生规律

1年发生10多代，以卵在1年生枝条芽缝、剪锯口等处越冬。翌年4月上旬越冬卵孵化。苹果瘤蚜越冬卵孵化期与苹果的物候期有较稳定的相关性，一般在苹果花芽萌动期越冬卵开始孵化，展叶期孵化已达盛末期。河南西部苹果瘤蚜的卵孵化始期在4月初，4月中旬为孵化盛期，4月下旬孵化结束。春、秋季均孤雌生殖，发生为害盛期在6月中下旬。10～11月出现有性蚜，交尾后产卵，以卵越冬。

防治措施

1. 化学防治

果树休眠期的防治：可结合叶螨、介壳虫的防治，在果树发芽前喷施95%的矿物油乳剂100倍液，或3～5波美度石硫合剂，可以杀死越冬的蚜卵；

果树生长期的防治：5月中下旬，蚜虫种群数据迅速增长期之前，是防治的有利时期。常用药剂有10%吡虫啉可湿性粉剂2 000倍液，或3%啶虫脒可湿性粉剂2 000～2 500倍液，或10%烯啶虫胺水剂2 500倍液，或30%吡蚜酮悬浮剂2 000～2 500倍液。

2. 生物防治

保护利用该虫的天敌瓢虫、草蛉等。

5. 桃小食心虫

分布为害

桃小食心虫简称桃小，又名桃蛀果蛾、桃蛀虫，是苹果的主要蛀果害虫之一。在河南省苹果产区均有发生。

果实被桃小为害后，果面有针头大小的蛀（入）果孔，由孔流出泪珠状汁液，干涸后呈白色蜡状物（图1，图2）。幼虫取食果肉，在

图1　桃小食心虫蛀果初期（泪珠汁液）状

图2　桃小食心虫蛀食果实初期（粉状物）

果内形成弯曲纵横的虫道（图 3,图 4),虫粪留在果内呈“豆沙馅”状。幼果被害后,常生长发育不良,形成凹凸不平的畸形“猴头”果；后期受害的果实,果形变化不大；被害果大多有圆形幼虫脱果孔（图 5，图 6)。

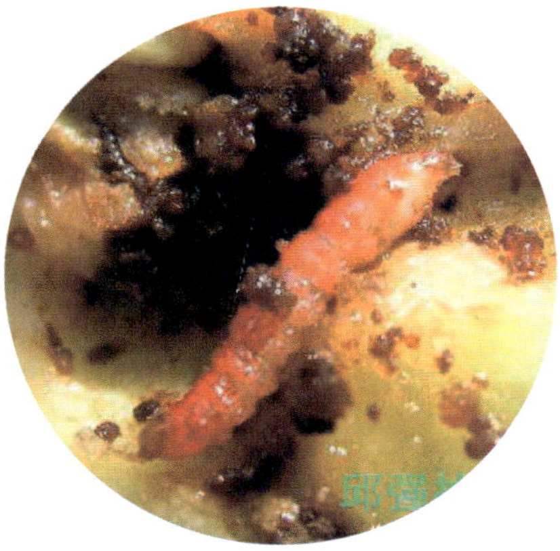

图 3　桃小食心虫幼虫果内为害

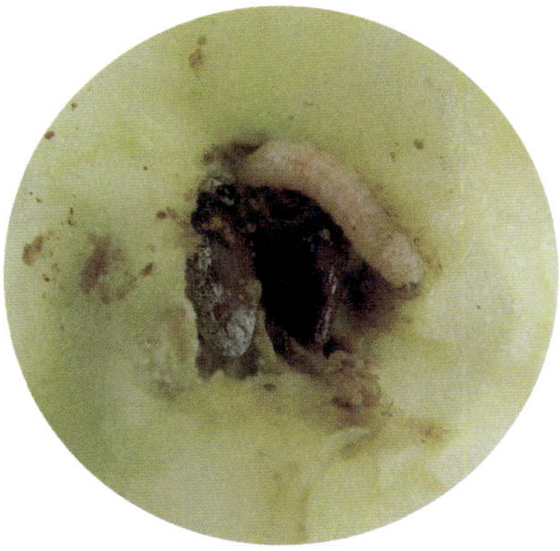

图 4　桃小食心虫幼虫在果心

图 5　桃小食心虫脱果状

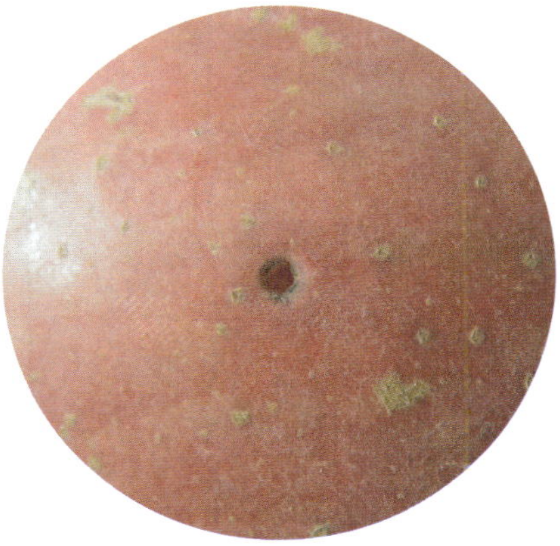

图 6　桃小食心虫幼虫脱果孔

形态特征

成虫：体长 7 mm 左右，灰褐色，前翅中部靠近前缘处有 1 个蓝黑色近三角形的大斑。翅基部和中央部位有 7 簇蓝黑色的斜立鳞毛。(图 7)

卵：为椭圆形，初产时为橙红色，渐变为深红色，卵顶部着生 2 ~ 3 圈“Y”状刺毛。

幼虫：初孵黄白色，老熟幼虫体背桃红色，体长约 13 mm，头部褐色，前胸背板暗褐色，腹末无臀栉。

茧：分为两种类型：一种为冬茧，即幼虫越冬时做的茧，冬茧圆形，稍扁，茧丝紧密；一种为夏茧，即幼虫化蛹时做的茧，夏茧长纺锤形，茧丝松散；两种茧外都附着土粒。蛹：长约 7 mm，淡黄色至黄褐色，体表光滑无刺。

图 7 桃小食心虫成虫

发生规律

在豫西果区，1 年发生 2 代。在郑州等果区 1 年可发生 3 代。以老龄幼虫结圆茧过冬，茧绝大部分集中在在树干周围 1 ～ 1.5m 范围内的 3 ～ 6cm 的土壤里。翌年 5 月土温达到 19℃以上，土壤含水量 10% ～ 20% 时，幼虫能顺利出土，如遇降雨，可连续出土。土壤含水量低于 5% 时，幼虫暂不出土。一般年份，河南省豫西果园越冬幼虫 5 月上旬开始出土，5 月中下旬至 6 月中旬为出土盛期。越冬幼虫爬到地面结纺锤形夏茧化蛹，蛹期约半月。河南西部等地 5 月下旬开始出现越冬代成虫，盛期在 6 月上中旬。卵主要产于果实萼洼处，卵期约 7d。初孵幼虫在果实胴部蛀入，幼虫老熟后从果中脱出。7 月下旬以前脱果的幼虫，脱果后在地面做茧化蛹，然后羽化产卵。8 月中旬脱果的幼虫，一部分入土做茧越冬，另一部分化蛹羽化产卵。第 1 代成虫高峰期一般在 8 月中下旬，9 月中下旬第 2 代幼虫开始脱果入土越冬。

防治措施

1. 地面防治

苹果落花后半月左右，在果园设置桃小食心虫性外激素诱捕器，诱到成虫之日或 5 月中下旬降雨或果园浇水后，用 50% 辛硫磷乳油 500 倍液，或 25% 辛硫磷微胶囊剂 300 倍液，或 40% 毒死蜱乳油 400 倍液喷洒树盘，也可用 5% 辛硫磷颗粒剂 5 ～ 8 kg 或 30% 毒死蜱缓释颗粒剂 3 ～ 5 kg 混拌适量细土撒施于树盘后浅锄。

2. 树上喷药

当果园卵果率达到 1% 时，或在诱捕器上出现成虫高峰时立即喷药。药剂可选用 20% 氰戊菊酯乳油 2 000 倍液，或 4.5% 高效氯氰菊酯乳油 1 500 倍液，或 25% 灭幼脲悬浮剂 2 500 倍液，或 2.5% 氟氯氰菊酯乳油 3 000 倍液。间隔 7 ～ 10d 喷 1 次，连喷 2 ～ 3 次。

3. 诱杀成虫

苹果落花后半个月开始，每亩放置桃小食心虫性诱芯诱捕器 3 ～ 5 个，诱杀成虫，减少落卵量。诱捕器悬挂在果树外缘树枝，离地面约 1.5m，诱芯应 30 ～ 35 d 更换 1 次。

4. 果实套袋

5 月中旬果实套袋，防虫效果最佳。

5. 清洁果园

及时捡拾落地虫果和摘除虫果，减少虫源。

6. 苹果绵蚜

分布为害

苹果绵蚜又名赤蚜、血蚜、棉花虫，广泛分布于河南苹果产区。发生严重的果树上布满棉絮状物（图1）。常群集于寄主的树干基部（图2）、剪锯口及伤口（图3，图4）、叶腋（图5，图6）、新梢（图7）、根蘖（图8）、根部（图9）吸取为害。虫体上覆盖白色棉絮状物，发生高峰期，常使整个果树枝条、叶片被满白色棉絮状物。为害幼小枝条时，被害部位逐渐形成瘤状突起（图10），后破裂，严重时树体衰弱，逐渐枯死。该虫还为害果实的萼洼及梗洼部分，影响果树产量和果品质量。

图1　苹果绵蚜为害苹果树

图2　苹果绵蚜为害树干基部

图 3　苹果绵蚜为害剪锯口

图 4　苹果绵蚜为害苹果树伤口

图 5　苹果绵蚜为害叶腋

图 6　苹果绵蚜为害叶腋

图 7　苹果绵蚜为害苹果树新梢

图 8　苹果绵蚜为害蘖条

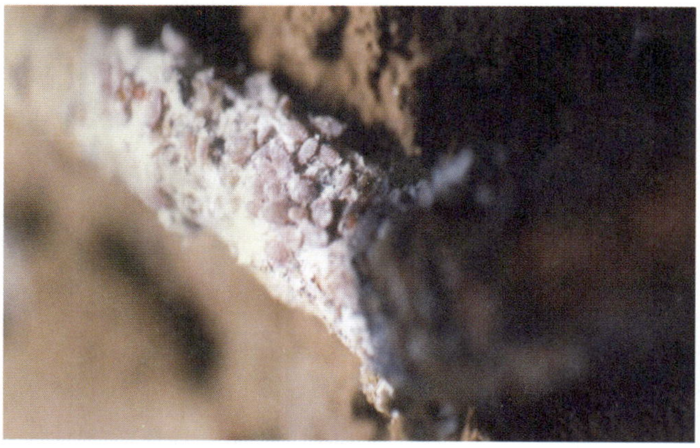

图 9　苹果绵蚜为害苹果树树根

图 10　苹果绵蚜为害枝干出现瘤突起

形态特征

无翅胎生蚜：体卵圆形，暗红褐色；体背有 4 排纵列的泌蜡孔，白色蜡质绵毛覆盖全身。有翅胎生蚜：体长 1.7 ~ 2.2 mm；翅透明，翅脉及翅痣棕色；腹管退化为环形黑色小孔。

卵：椭圆形，长约 0.5 mm，初产为橙黄色，后渐变为褐色。

若蚜：圆筒形，赤褐色（图 11），绵毛稀少，触角 5 节，喙长超过腹部。

图 11　苹果绵蚜虫体及分泌物

发生规律

苹果绵蚜在河南省 1 年发生 14 ~ 20 代。地上部和地下部均可越冬，主要场所是果树比较隐蔽且不易受到寒风侵袭的树皮下、枝干伤疤边缘缝隙、剪锯口、果树基部根蘖、果树根部等。在根部越冬的苹果绵蚜为无翅若蚜、成蚜，越冬期不休眠，继续为害。翌年平均气温上升到 8.4℃左右时，开始活动取食，繁殖扩散为害；平均气温达 11℃以上时开始胎生繁殖。初龄若虫逐渐扩散、迁移到嫩枝叶腋及嫩芽基部为害。5 月中旬至 7 月初是全年繁殖发生盛期。6 月至 7 月上旬出现全年第一次为害高峰期；7 月下旬至 8 月由于高温、降水，虫口密度减少，9 月中旬至 10 月上旬出现第二次盛发期。11 月中旬平均气温逐渐降至 7℃，若虫进入越冬状态。

田间传播靠有翅蚜自身爬行和迁飞，或借风力扩散。也能随农事工具或靠修剪、疏花疏果等人为扩散。远距离传播则通过苗木、接穗、果实包装物等异地运输完成，也是苹果绵蚜的主要传播方式。苹果绵蚜天敌种类较多，注意保护利用（图 12，图 13）。

图 12　苹果绵蚜天敌草蛉产卵

图 13　越冬苹果绵蚜被寄生状

防治措施

1. 加强检疫

调运时要经检疫，使用无虫或经处理合格的苗木和接穗。

2. 农业防治

冬春休眠期，刮除树缝、树洞、剪锯口、病虫伤疤边缘等处的绵蚜，并涂抹48%毒死蜱微乳剂200倍液处理；尽早剪掉绵蚜群落为害的枝条，清除根蘖，集中处理。

3. 保护利用天敌

苹果绵蚜的天敌种类很多，如苹果绵蚜蚜小蜂、七星瓢虫、异色瓢虫、黄色瓢虫、草蛉等。寄生蜂寄生绵蚜后可形成黑色僵蚜。

4. 化学防治

休眠期防治：用48%毒死蜱乳油1 000倍液，或95%机油乳剂50 ~ 60倍液等涂抹绵蚜群集越冬处或全园喷雾，压低越冬基数。

生长期药剂防治：果树开花前，可用75%噻虫嗪水分散粒剂1 ~ 2 g对水1 ~ 2 kg或10%吡虫啉可湿性粉剂1 000倍液浇灌树冠基部，阻止越冬若蚜扩散，并利用其向上传导机理，抑制树体上绵蚜的发生；进入5月中旬后发生棉蚜的果园需开展喷雾防治。有效药剂为48%毒死蜱微乳剂1 000 ~ 1200倍液，或10%吡虫啉可湿性粉剂1 500倍液，或20%啶虫脒乳油3 000倍液防治，加入渗透助剂效果更佳。

7. 苹果球坚蚧

分布为害

苹果球坚蚧广泛分布在河南省果区。以雌成虫和若虫刺吸枝干、叶片、果实汁液为害（图 1）。受害严重时造成果树春季发芽推迟或不能发芽，开花少，严重影响果树产量。

图 1　球坚蚧为害状

形态特征

成虫：雌成虫体近球形，体长约 4.5 mm；初期，介壳质软，黄褐色，后期硬化变为紫色（图 2，图 3）；雄成虫体长 1.5 ~ 2 mm，红褐色，介壳长扁圆形，表面光滑。卵：卵圆形，半透明，初产时为白色（图

图 2　球坚蚧介壳形成期分泌粘液

图 3　球坚蚧介壳形成

4），逐渐变为粉红色（图 5）。若虫：初孵化若虫体扁，卵圆形，浅粉红色，腹部末端有 2 条细毛；固定后若虫体长约 0.5 mm，体黄褐色；越冬后若虫体黑褐色，上有一薄层蜡质。蛹：裸蛹，赤褐色，长约 1.8 mm，腹部末端有黄褐色刺状突。

图 5　球坚蚧将孵化卵粒

图 4　苹果球坚蚧下的大量卵粒

发生规律

该虫 1 年发生 1 代，以 2 龄若虫在 1 ～ 2 年生枝条上越冬，翌年 3 月树液流动后开始出蛰活动，4 月上旬始见雄成虫，4 月中旬羽化交配，交配后的雌虫体迅速膨大，呈球形蚧壳。5 月上中旬雌成虫产卵于介壳下，每头雌虫可产卵 2 000 多粒，卵期一般 7 ～ 10d，5 月中下旬若虫开始出壳。5 月下旬至 6 月上旬为若虫盛期，初孵若虫沿枝条迁至叶背面或正面固定为害，固定后虫体背部被分泌的白色蜡质覆盖。9 月底至 10 月初，蜕皮变为 2 龄，然后迁回到枝条为害，10 月下旬至 11 月上旬进入越冬。

防治措施

1. 农业防治

冬春结合修剪，剪除有虫枝，刷除介壳，减少虫源。

2. 化学防治

（1）休眠期防治：在果树发芽前，全树喷洒 95% 机油乳剂 50 ～ 100 倍液，或 3 ～ 5 波美度石硫合剂，或 45% 晶体石硫合剂 30 ～ 50 倍液，25% 噻嗪酮可湿性粉剂 1 000 倍液，重点是 1 ～ 2 年生枝条，消灭越冬若虫。

（2）生长期防治：卵孵从盛期至若虫扩散转移前是全年防治的关键时期。可选用 10% 吡虫啉可湿性粉剂 1 000 ～ 1 200 倍液，或 40% 毒死蜱乳油 1 500 倍液喷雾。

8. 桑天牛

分布为害

桑天牛又名粒肩天牛，俗称水牛，食性杂，为害苹果、樱桃等果树。河南省各地果园均有分布。

成虫和幼虫均能为害，成虫啃食枝梢嫩皮和叶片，造成枝叶枯黄。幼虫在 2 ~ 4 年生枝干中，先向上蛀食一段，即回头向下沿枝干木质部蛀食，逐渐深入心材。每隔一定距离蛀一圆形通气排粪孔，多达十几个排粪屑孔，排出大量粪屑。削弱树势，重者枯死（图 1）。

图 1　苹果桑天牛幼虫为害状

形态特征

成虫体长 36 ～ 46 mm，体密被黄褐色细绒毛。鞘翅基部密布黑色瘤突。卵近椭圆形，长 5 ～ 7 mm，黄白色，略弯曲。幼虫老熟时体长 60 mm 左右，体乳白色。前胸节特别大，背板上有“小”字形凹陷纹。蛹长约 50 mm，淡黄色。

发生规律

2 ～ 3 年完成 1 代，以幼虫在树干隧道中越冬。幼虫经过两个冬天，在第三年 6 ～ 7 月于树内蛀道最下 1 ～ 3 个排粪孔上方外侧咬 1 个羽化孔，使树皮肿起，在羽化孔下作蛹室化蛹，羽化为成虫。7 ～ 8 月成虫选择约 10 mm 粗枝条，将表反咬成“U”字形刻槽，然后产入 1 ～ 5 粒卵，一生可产卵 100 多粒。幼虫孵出后，沿枝干向下蛀食木质部。桑天牛成虫具假死性，趋火性强。

防治措施

1. 刺杀幼虫，捕杀成虫

见到地上有新鲜的锯末状粪便时，用细铁丝、带勾钢丝从新鲜虫孔插入扎刺杀死幼虫；成虫盛发期的早晨，特别是在雨后成虫大量出现时，人工捕捉。

2. 杀灭卵和幼虫

7 ～ 8 月成虫产卵季节，用石块砸或用尖刀将卵挑出刺破。用小刀挑开被害枝条皮层，刺杀幼虫，也可在伤口处涂石硫合剂。

3. 毒杀幼虫

用 80% 敌敌畏乳油、50% 辛硫磷乳油加水稀释 50 倍液，用注射器向新虫粪的孔口内注射 3 ～ 5 mL 药液，或将 1/3 的磷化铝片剂（0.2 g）放入新虫粪孔内，并用泥土封闭孔口。

4. 砍除桑天牛的寄主植物

桑天牛喜食的寄主植物，砍除果园周边构树和桑树。

5. 保护啄木鸟

9. 苹小卷叶蛾

分布为害

苹小卷叶蛾又名苹卷蛾、黄小卷叶蛾、溜皮虫，为害苹果叶片和幼果。在河南省果区广泛分布。苹小卷叶蛾幼虫吐丝缀连叶片，潜居缀叶中为害，(图1，图2）新叶受害严亘。当果实稍大，幼虫啃食果皮及果肉（图3)。

图1　苹小卷叶蛾为害果树

图2　苹小卷叶蛾幼虫为害叶片

图3　苹小卷叶蛾为害幼果

形态特征

成虫：体长 6 ~ 8 mm。体黄褐色。前翅的前缘向后缘和外缘角有两条浓褐色斜纹，其中一条自前缘向后缘达到翅中央部分时明显加宽。前翅后缘肩角处，及前缘近顶角处各有一小的褐色纹。卵：扁平椭圆形，淡黄色半透明，数十粒排成鱼鳞状卵块。幼虫：身体细长，头较小呈淡黄色。低龄幼虫黄绿色，大龄幼虫翠绿色（图 4，图 5）。蛹黄褐色，腹部背面每节有刺突两排，下面一排小而密，尾端有 8 根钩状刺毛。

图 4　苹小卷叶蛾幼虫

图 5　苹小卷叶蛾幼虫

发生规律

苹小卷叶蛾 1 年发生 4 代。以低龄幼虫在粗翘皮下、剪锯口周缘裂缝中结白色薄茧越冬（图 6）。翌年苹果树萌芽后出蛰，金冠品种盛花期为出蛰盛期。低龄幼虫吐丝缠结幼芽、嫩叶和花蕾为害，稍大后则卷叶为害，老熟幼虫在卷叶中结茧化蛹。各成虫发生期为：越冬代为 5 月下旬、第一代为 6 月末至 7 月初、第二代在 8 月上旬、第三代在 9 月中旬羽化。成虫夜间活动，有趋光性和趋化性。对果醋和糖醋都有较强的趋性。幼虫有转果为害习性，一头幼虫可转果为害 6 ~ 8 个。在桃、苹果、梨混栽情况下，桃受害最重。

图 6　苹小卷叶蛾越冬幼虫

防治措施

1. 农业防治

在早春刮除树干、主侧枝的老皮、翘皮和剪锯口周缘的裂皮等，减少越冬虫源；人工摘除虫苞。

2. 物理防治

利用成虫的趋光性、趋化性，用黑光灯、糖醋、果醋或性信息素诱捕器或发酵豆腐水等，诱杀成虫。

3. 生物防治

人工释放松毛虫赤眼蜂。自诱捕器中出现越冬成虫之日起，第 4 天开始释放赤眼蜂，每公顷放蜂约 150 万头，每隔 6 d 放蜂一次，连续放 4 ~ 5 次，卵块寄生率可达 85% 左右。

4. 化学防治

可选用 Bt 乳剂、25% 灭幼脲悬浮剂 1 500 倍液，或 1.8% 阿维菌素乳油 4 000 ~ 6 000 倍液等。

10. 苹果二斑叶螨

分布为害

苹果二斑叶螨又名白蜘蛛。河南省苹果产区均有发生。以成螨、若螨、幼螨刺吸果树芽、叶、果的汁液为害，主要分布在叶片的背面。叶片受害初期叶脉两侧失绿，逐渐扩大连片，最后叶片焦枯脱落，此外，二斑叶螨还能引起植物生长失衡，造成幼嫩叶呈凹凸不平的受害状。虫口密度大时叶面上结薄层白色丝网（图 1），或在新梢顶端群集成虫球。

图 1　二斑叶螨为害叶片受害状

形态特征

成螨：体色多变，黄白色或灰绿色，一般带红色或锈红色；体背两侧各具 1 块黑褐色长斑；雌成螨体椭圆形，体长约 0.5 mm，灰绿色或黄绿色；雄成螨身体呈菱形，长约 0.3 mm，灰绿色或黄褐色，活动敏捷（图 2）。卵：圆球形，直径约 0.1 mm，光滑，初期无色透明，渐变为橙红色，将孵化时出现 2 个红色眼点（图 3）。幼螨：初孵时近圆形，体长 0.15 mm，无色透明，取食后变暗绿色，眼红色，3 对足。若螨：体呈椭圆形，黄绿色或深绿色，4 对足。

图 2　苹果二斑叶螨雌成螨

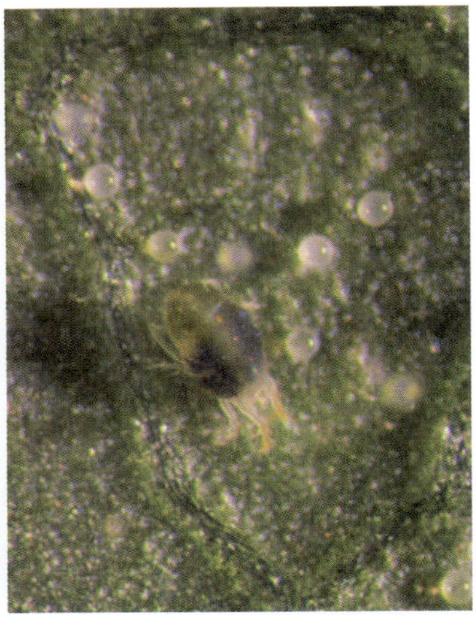

图 3　苹果二斑叶螨卵和若螨

发生规律

苹果二斑叶螨 1 年发生 12 ~ 20 代，以雌成螨在树干翘皮下、粗皮缝内、杂草、落叶以及土缝中越冬。当春季日平均气温达到 10℃左右时，越冬雌成螨开始出蛰。3 月中下旬达到出蛰盛期。地面越冬的成螨先在阔叶杂草或根蘖为害繁殖然后上树，在树上越冬的雌成螨先在树冠内膛取食为害，产卵繁殖，每头雌螨可产 50 ~ 110 粒卵，此后逐渐向树冠外围扩散，6 月出现为害高峰。夏季高温少雨有利于该螨繁殖为害。苹果二斑叶螨有吐丝结网的习性，成螨常在丝网上爬行，有时在丝上产卵。9 月下旬至 10 月上旬陆续出现越冬型雌成螨。

防治措施

1. 农业防治

早春越冬螨出蛰前，刮除树干上的翘皮、老皮，清除果园里的枯枝落叶和杂草，集中深埋或烧毁，消灭越冬雌成螨；春季中耕除草，剪除树根上的萌蘖，减少苹果二斑叶螨虫源基数。

2. 生物防治

主要是保护和利用自然天敌，在果园种植紫花苜蓿或三叶草，培育天敌，也可释放捕食螨。

3. 化学防治

果树发芽前，树上喷施 3 ~ 5 波美度石硫合剂或 45% 石硫合剂晶体 30 ~ 50 倍液，消灭在树上活动的越冬成螨。在害螨从树冠内膛向外围扩散初期，选用 1.8% 阿维菌素乳油 3 000 ~ 4 000 倍液，57% 炔螨特乳油或 25% 三唑锡可湿性粉剂 1 500 ~ 2 000 倍液等。喷药要均匀周到，加上农药助剂，可提高防治效果。

11. 苹掌舟蛾

分布为害

苹掌舟蛾又名舟形毛虫、苹果天社蛾。河南省各地均有发生。寄主植物有苹果、梨、山楂、桃、李等果树。低龄幼虫群集叶片正面为害（图1），将叶片食成半透明纱网状；稍大幼虫食害叶片，残留叶脉和叶柄（图2），老熟幼虫可食掉全部叶片。

图1 苹掌舟蛾老龄幼虫群集为害状

图2 苹掌舟蛾老龄幼虫为害叶片状

形态特征

成虫体长约 25 mm，翅展约 55 mm，前翅淡黄白色，基部有 1 个、外缘有 6 个椭圆形斑纹。卵近球形，直径为 1 mm，灰白色；近孵化时灰色，数十粒排成卵块。幼虫 1 ~ 3 龄幼虫头、足黑色，胴部紫红色，密被白长毛。老熟时体长 45 ~ 55 mm，全体暗紫红色。蛹体长 20 ~ 25 mm，红褐色，腹末有两个分叉的刺。

发生规律

1 年发生 1 代，以蛹在土表层越冬，豫西 6 月中旬始见成虫，8 ~ 9 月为幼虫为害盛期。低龄幼虫群集为害，稍大后分散为害，静止时头、尾翅起似船形（图 3）。幼虫老熟后自树干下爬或吐丝下垂，入土化蛹。

图 3　苹掌舟蛾幼虫静止时头、尾翅起似船形

防治措施

1. 翻耕树盘　秋季翻耕树盘，使蛹暴露死亡。
2. 人工捕捉　及时发现集中杀灭群集为害的初龄幼虫。
3. 药剂防治　结合防治其他主要害虫时兼治。

12. 蚱蝉

分布为害

蚱蝉又名黑蚱蝉、知了，河南省苹果产区都有分布。以成虫在新生枝梢上连续刺穴产卵为害，造成上部枝梢干枯（图1，图2）。蚱蝉多栖于柏、杨桐、梨、苹果、桃、杏等阔叶树木上。

图1　蚱蝉为害枝梢，造成萎蔫状

图2　蚱蝉为害枝梢，造成干枯

形态特征

成虫体长40 ~ 48 mm，全体黑色，有光泽。头的前缘及额顶各有黄褐色斑1块。前后翅透明（图3）。雄虫有鸣器，雌虫无鸣器，产卵器明显。卵长椭圆形，长约2.5 mm，乳白色，有光泽（图4）。若虫黄褐色，具翅芽，能爬行。

图3　蚱蝉成虫

图4　蚱蝉卵

发生规律

4 ~ 5 年发生 1 代，以卵和若虫分别在被害枝内和土中越冬。越冬卵翌年 6 月中下旬孵化，7 月初结束。夏季平均气温达到 22℃以上（豫西果产区在 6 月中旬），老龄若虫多在雨后的傍晚出土，时间为 20 时 ~ 翌日 6 时，以 21 ~ 22 时出土最多，沿树干上爬，当晚蜕皮羽化出成虫。雌虫刺吸树木汁液补充营养后交尾产卵，从羽化到产卵需 15 ~ 20 d。选择嫩枝产卵，产卵时先用腹部产卵器刺破树皮，然后产卵于木质部内，每雌虫怀卵量 500 ~ 800 粒。产卵孔不规则螺旋状，使枝梢皮下木质部呈斜线状裂口（图 5 ~ 图 7）。每卵孔内有卵 5 ~ 8 粒，一枝上常连产百余粒。产卵后的枝条，产卵部位以上枝梢很快失水枯萎。

图 5　蚱蝉在苹果枝条产卵引起枝条枯干状

图 6　蚱蝉产卵枝条

图 7　蚱蝉产卵，造成伤口

枯枝内的卵需落到地面潮湿的地方才能孵化。初孵若虫在地面爬 10 min 后钻入土中，吸食植物根系养分为生，每年 6 ~ 9 月蜕皮 1 次，共 4 龄。若虫在地下生活 4 年或 5 年。

湿度对卵的孵化影响很大。降水多，湿度大，卵孵化早，孵化率高；气候干燥，卵孵化期推迟，孵化率也低。

防治措施

1. 剪除枯梢

秋冬季结合修剪，剪除产卵枯梢，集中烧毁。

2. 诱集成虫

成虫发生期于晚间在树行间点火，摇动树干，诱杀成虫。

3. 杀灭若虫

成虫羽化前在树干绑 1 条 3 ~ 4cm 宽的塑料薄膜带，拦截出土上树羽化的若虫，傍晚或清晨进行人工捕捉若虫。

4. 化学防治

5 ~ 7 月若虫集中孵化时，在树下撒施 3% 辛硫磷颗粒剂 3 ~ 5 kg/ 亩，或地面喷施 50% 辛硫磷乳剂 800 倍液，然后浅锄，杀死初孵若虫。

13. 苹果桃蛀螟

分布为害

桃蛀螟又名豹纹斑螟，食性杂，河南省果区均有分布。以幼虫为害桃、梨、苹果等果树的果实，还可为害向日葵、玉米等。

形态特征

成虫体黄色，前翅散生25～28个黑斑（图1）。雄虫腹末黑色。卵椭圆形，初产时乳白色，后变为红褐色，表面粗糙，有网状线纹。老熟幼虫体背暗红色，身体各节有粗大的褐色毛片。腹部各节背面有4个毛片，前两个较大，后两个较小（图2）。蛹黄褐色，腹部5～7节前缘各有1列小刺，腹末有细长的曲钩刺6个。茧灰褐色。

图1　桃蛀螟成虫

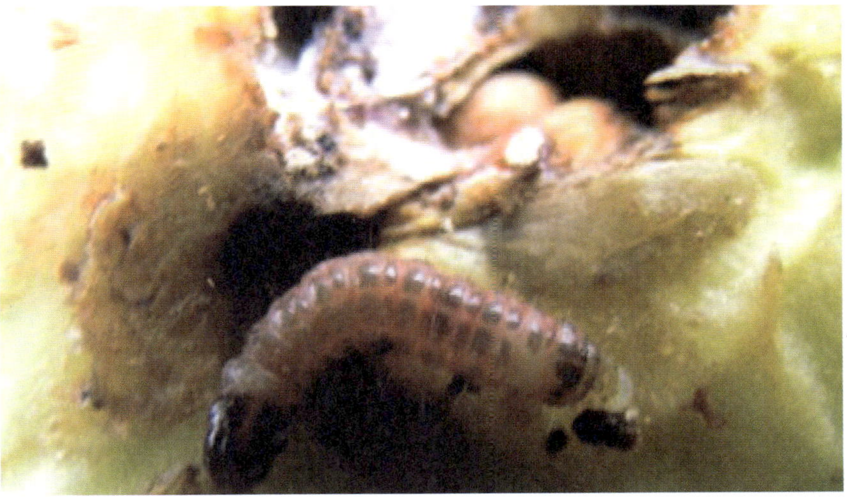

图2　桃蛀螟幼虫

发生规律

河南1年发生4代，以老熟幼虫在树皮裂缝、桃僵果、玉米秆等处越冬。翌年4月中旬老熟幼虫化蛹。各代成虫羽化期为越冬代在5月中旬，第一代在7月中旬，第二代在8月上中旬，第三代在9月下旬。成虫白天在叶背静伏，晚上多在两果相连处产卵。初孵幼虫多从萼洼蛀入，可为害1～3个果，果实被害后，蛀孔外堆集黄褐色透明胶质及虫粪，受害果实常变色脱落（图3，图4）。化蛹多在萼洼处、两果相接处和枝干缝隙处等结白色丝茧。

图3　苹果桃蛀螟幼虫为害苹果果实

图4　苹果桃蛀螟幼虫为害苹果果实状

防治措施

1. 清除越冬幼虫

冬、春季清除玉米、高粱、向日葵等残株，并将桃树等果树老翘皮刮净，集中烧毁，以减少虫源。

2. 喷药防治

药剂防治的有利时机在第一代幼虫孵化初期（5月下旬）及第二代幼虫孵化盛期（7月中旬）。防治用药参考桃小食心虫。

3. 果实套袋

套双层纸袋或纸塑袋能取得较好效果。

14. 梨小食心虫

分布为害

梨小食心虫又名东方果蛀蛾、梨姬食心虫、桃折梢虫，简称“梨小”。在河南省分布普遍。除为害苹果，还为害桃、梨。

4 ~ 7 月以幼虫钻蛀苹果新梢为害。多从上部叶腋蛀入，向下蛀食，蛀孔外有粪便，被害新梢渐次萎蔫下垂、干枯。一般一虫蛀梢 2 ~ 4 个。7 月后蛀果，多从果肩或萼洼附近蛀入（图 1，图 2），直达果心。早期蛀果孔较大，孔外有粪便，孔周围变黑腐烂，逐渐变大凹陷，俗称“黑膏药”（图 3）；后期蛀孔小不易发现，孔周围呈现绿色。

图 1　梨小食心虫为害果实

图 2　梨小食心虫为害果实

图 3　梨小食心虫为害果实，蛀孔呈“黑膏药”状

形态特征

成虫体长约 5 mm，灰褐色。前翅前缘有 10 组白色斜纹，近外缘的淡色部分有几个整齐的黑斑点（图 4）。卵淡黄白色，扁椭圆形，长径 0.5 mm，短径 0.4 mm，中央略隆起。幼虫老熟时体长 10 ～ 13 mm，淡黄白色或粉红色（图 5）。腹部末端臀栉 4 ～ 7 刺。蛹体长 6 ～ 8 mm，黄褐色，外被有灰白色丝茧。

图 4　梨小食心虫成虫

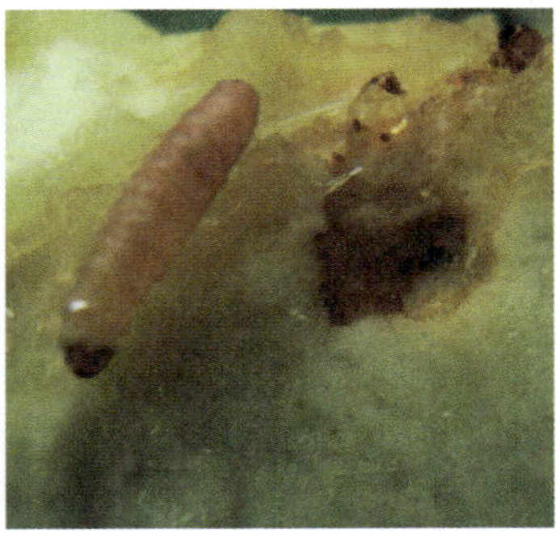
图 5　梨小食心虫幼虫

发生规律

梨小食心虫在河南 1 年发生 4 ～ 5 代。以老熟幼虫在树干裂皮缝、隙、根茎、土壤等处结灰白色薄茧越冬。豫西地区 3 月中下旬越冬幼虫化蛹，4 月上中旬越冬代成虫羽化，并在树梢上产卵。5 月上旬孵出的第一代幼虫，蛀入树梢为害，一头幼虫可以为害 2 ～ 4 个梢。5 月底至 6 月中旬发生第一代成虫，产卵于苹果树嫩梢或果实上。6 月底至 7 月上旬出现第二代成虫，大部分在果上产卵为害。第三、第四代成虫发生于 7 月上旬至 9 月，幼虫为害苹果、梨、桃，是果受害的高峰时期。在苹果、梨、桃混栽的果园，第一、第二代幼虫主要为害桃梢，也可为害苹果树梢；第三、第四代为害梨、桃果，同时也为害苹果等。

成虫需要取食花蜜补充营养，白天静伏在枝叶上，傍晚活动交尾，对糖醋液和黑光灯有趋性，每雌产卵 50 ～ 100 粒，卵多产在果实肩部，特别在两果相接处产卵为多，少数产在叶背和果梗上。多雨湿潮有利于成虫的交尾、产卵及卵孵化。因此，温暖潮湿的地区和年份梨小食心虫发生为害较重。

防治措施

1. 农业防治

科学建园，避免苹果、梨、桃混栽或相邻栽植；越冬幼虫脱果前，在树干束草诱集梨小食心虫聚集，集中烧毁；刮刷老翘皮，消灭越冬幼虫；4 ～ 6 月，剪除刚萎蔫的受害桃梢，集中烧毁；6 月上中旬果实套双层纸或纸膜袋。

2. 物理防治

利用该虫的趋性，用糖醋液、性诱剂诱杀成虫。悬挂性诱捕器密度应不少于 12 个 / 亩。

3. 化学防治

当卵果率达到 0.5% ～ 1% 时及时喷药防治，重点抓住 6 月底 7 月初（第二代成虫羽化产卵盛期）和 7 月底（第三代成虫羽化产卵盛期）两个防治关键时期。药剂种类可参照桃小食心虫。

15. 梨圆蚧

分布为害

梨圆蚧又名梨丸介壳虫、梨枝圆盾蚧、轮心介壳虫。在河南省苹果、梨产区分布普遍。除为害苹果、梨外，还能为害桃、葡萄、山楂、柿等多种果树。能为害果树的所有地上部分，枝干受害最重。被害处呈红色圆斑，严重时皮层爆裂，甚至死亡。果实上多集中在萼洼和梗洼处，围绕介壳形成紫红色的斑点（图 1），虫量大时呈现一片红色，严重时造成果面龟裂（图 2）。

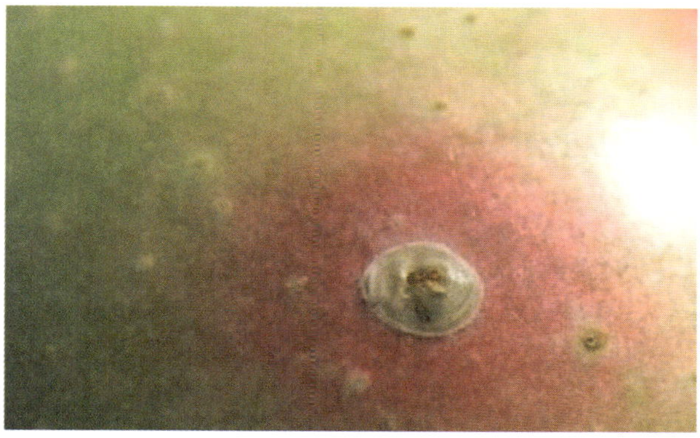

图 1　梨圆蚧为害苹果果实，围绕介壳形成紫红色的斑点

图 2　苹果梨园蚧为害果实，围绕介壳形成紫红色的斑点状

形态特征

雌虫体背覆盖近圆形介壳，灰白色或灰褐色，有同心轮纹，介壳中央的突起称为亮点，脐状，黄色或黄褐色。虫体扁椭圆形，橙黄色。雄虫介壳长椭圆形，较雌介壳小，壳点位于介壳的一端。若虫椭圆形，橙黄色，3 对足发达，尾端有 2 根长毛。

发生规律

1 年发生 2 ～ 3 代，以 2 龄若虫附着在枝条上越冬。翌年随果树芽萌动开始继续为害。越冬代成虫羽化期集中在 5 月上中旬。第一代成虫羽化期在 7 月中旬至 8 月上旬。

梨圆蚧行两性生殖，卵胎生。初孵若虫从雌介壳中爬出，行动迅速，向嫩枝、叶片、果实上迁移。找到合适部位以后，将口器插入寄主组织内，固定不再移动，并开始分泌蜡质而逐渐形成介壳。越冬代雌虫多固着在枝干阳面和枝杈处为害，雄虫多固着在叶片主脉两侧，夏秋发生的若虫则迁移到叶上为害。一般 7 月以前很少为害果实，8 月以后虫口数量增多时，蔓延到果上为害。

防治措施

1. 农业防治

剪除带虫枝条，集中销毁。

2. 保护天敌

生长期用药时，尽量避免杀伤天敌。

3. 化学防治

果树休眠期及花芽开绽前，喷洒 5 波美度石硫合剂，铲除越冬虫源。越冬代成虫羽化和若虫集中孵化时，可喷布 0.3 波美度石硫合剂，或 25% 噻嗪酮可湿性粉剂 1 500 倍液，或 20% 吡虫啉浓可溶剂 3 000 倍液，或 48% 毒死蜱微乳剂 1 000 倍液，或 10% 烯啶虫胺水剂 2 000 ～ 2 500 倍液防治。

16. 白星花金龟

分布为害

白星花金龟又名白星花潜，俗称瞎撞子。河南省分布广，为害苹果、梨、桃、葡萄等果树。以成虫为害成熟的果实（图 1，图 2）和嫩叶片。

图 1　白星花金龟为害果实

图 2　白星花金龟成虫

形态特征

成虫体长 20 ~ 24 mm。全体暗紫铜色，前胸背板和鞘翅有不规则的白斑 10 多个（见图 2）。卵圆形至椭圆形，乳白色，长 1.7 ~ 2 mm，老熟幼虫体长 2.4 ~ 3.9 mm, 体柔软肥胖而多皱纹，弯曲呈“C”字形。头部褐色，胴部乳白色，腹末节膨大，肛腹片上的刺毛呈倒“U”字形 2 纵行排列，每行刺毛 19 ~ 22 枚。

发生规律

1 年发生 1 代，以幼虫在土中越冬。成虫在 6 ~ 9 月发生，喜食成熟的果实，常数头群集果实、树干烂皮等处吸食汁液，稍受惊动即迅速飞逃。成虫对糖醋有趋性。7 月成虫产卵于土中。

防治措施

1. 农业防治

人工扑杀。

2. 物理防治

利用成虫的趋化性，进行糖醋诱杀。

3. 土壤处理

在成虫初发期处理，用 5% 辛硫磷颗粒剂 3 ~ 5 kg/ 亩撒施树盘土壤。也可以喷洒药剂防治。

17. 旋纹潜叶蛾

分布为害

旋纹潜叶蛾又名苹果潜叶蛾。河南省苹果产区均有分布。以幼虫在叶内作螺旋状潜食叶肉，形成近圆形旋纹状虫斑，粪便排于隧道中呈现出螺纹形黑纹（图 1，图 2）。发生严重时，一个叶片有虫斑 10 多个，易造成早期落叶，影响树势。

图 1　旋纹潜叶蛾幼虫为害苹果叶，形成虫斑

图 2　旋纹潜叶蛾幼虫为害叶片，形成螺旋虫道

形态特征

成虫体长 2 ~ 3 mm，翅展 6 mm。前翅银白色，近端部 2/5 处呈橘黄色，前缘及翅端共有 7 条放射状褐色纹。卵扁平椭圆形，绿白色，表面有网状脊纹，长 0.27 mm。老熟幼虫体长 4 ~ 5 mm，乳白色扁形（图 3）。蛹长约 4 mm，淡黄色至黑褐色。茧白色，纺锤形，茧上盖有一层“I”字形白色丝幕。

图 3　虫斑中旋纹潜叶蛾幼虫

发生规律

在河南 1 年发生 4 ~ 5 代。以蛹茧在枝干缝隙、落叶、土块等处越冬。各代成虫发生期为越冬代在 4 月上旬至 5 月中旬，第一代在 5 月下旬至 6 月中旬，第二代在 6 月下旬至 7 月下旬，第三代在 7 月下旬至 8 月下旬，第四代在 8 月底至 9 月下旬。

成虫白天活动，雌蛾平均产卵 30 粒，200 多粒。第一代卵散产在树冠内膛中下部光滑的较老叶片背面，以后各代卵分散于树冠各部位。初孵幼虫从壳下蛀入叶肉，取食叶片的栅栏组织，少数从叶面蛀入为害叶片海绵组织，均不伤及表层。老熟幼虫从虫斑一角咬孔脱出，吐丝下垂到下部叶片或枝条上，结茧化蛹。非越冬幼虫多在叶片上作茧化蛹，越冬代则在枝干粗皮裂缝中化蛹。

防治措施

1. 农业防治

冬春季刮除树枝、主干上的越冬茧，清扫落叶，消灭越冬蛹。

2. 生物防治

保护利用潜叶蛾姬小蜂、白跗姬小蜂、蜘蛛、草蛉等天敌。

3. 化学防治

在越冬代和第一代成虫盛发期喷施杀虫剂。用药参见金纹细蛾。

18. 光肩星天牛

分布为害

光肩星天牛在河南广泛分布。以幼虫钻蛀树干（图1，图2）、枝干（图3）为害，轻者影响树势，重者全株枯死。成虫也咬食树叶和幼嫩枝梢。

图1　光肩星天牛为害苹果树干

图2　光肩星天牛为害树干及排到地面的粪屑

图3　光肩星天牛为害枝干状

形态特征

成虫：漆黑色，略带金属光泽，体长 19 ~ 39 mm。头部和腹面被银灰色和蓝灰色细毛；触角第 3 ~ 11 节各节基部有淡蓝色毛环。前胸背板中瘤明显，两侧具尖锐粗大的侧刺突。鞘翅基部有密集的小颗粒，每翅具大小白斑约 20 个，排成 5 横行。卵：乳白色至黄褐色，大米粒状。幼虫：乳白色，圆筒形（图 4）。蛹：乳白色至黑褐色，触角细长、卷曲，体形与成虫相似。

图 4　苹果光肩星天牛幼虫及蛀干状

发生规律

2 年完成 1 代，以幼虫在木质部坑道内越冬，翌年 3 月开始活动，4 月幼虫老熟，蛀蛹室化蛹。5 月下旬化蛹结束，蛹期 19 ~ 33 d。从 5 月下旬至 7 月下旬均有成虫活动。5 月上旬成虫开始羽化，5 月底至 6 月初为成虫高峰。卵期 9 ~ 15 d，卵 6 月中旬孵化，高峰在 7 月中下旬。9 月末绝大部分幼虫转而沿原坑道向下移动，至蛀入孔再另蛀新坑道向下钻蛀为害并越冬。

成虫羽化后从羽化孔外出，咬食寄主幼嫩枝梢作补充营养。10 ~ 15 d 后全天都可交配，可多次交配。成虫交配后 3 ~ 4 d,在树干基部向上 10cm 以内产卵。产卵前成虫在树皮上咬“丅”形或“丄”形刻槽，产卵于槽的下方。产卵处皮层隆起、开裂。每雌可产卵 23 ~ 32 粒，最多 71 粒。幼虫孵化后在树皮下蛀食 1 个月左右，形成不规则的扁平坑道，随后向木质部深入 2 ~ 3cm 转而向上蛀坑，并向外蛀穿一个排粪孔，排出黄色虫粪和蛀屑。

防治措施

1. 人工捕杀成虫，锤杀卵及初孵幼虫

2. 树干涂白，拒避天牛成虫产卵　于 5 月上旬用白涂剂（石灰：硫黄：水 = 16 ：2 ：40）和少量皮胶混合后涂于杨树主干上，可防止光肩星天牛产卵。

3. 化学防治　在幼虫蛀入木质部之前，在主干受害部位用刀划若干条纵伤口，涂以 50% 敌敌畏·柴油溶液（1 ：9），药量以略有药液下淌为宜。若在幼虫蛀入木质部之后，要先将排粪孔处的虫粪和蛀屑清理干净，然后塞入磷化铝片、丸等，并用泥封死蛀孔及排粪孔。

19. 顶梢卷叶蛾

分布为害

顶梢卷叶蛾又名芽白小卷蛾、梨白小卷蛾，在河南广泛分布。主要以幼虫为害枝梢、嫩叶及生长点，影响新梢发育及花芽形成。通常幼树和苗木受害最重。幼虫为害嫩梢时，吐丝将数片嫩叶缠缀成卷叶团，即虫苞，并啃下叶背绒毛做成筒巢，潜藏入内。幼虫仅在取食时身体露出巢外，啃食附近嫩芽、蕾、花、嫩梢。嫩梢顶端的卷叶团干枯后不脱落，易于识别（图 1，图 2 ）。

图 1　苹果顶梢卷叶蛾为害苹果树新梢

形态特征

成虫体银灰褐色。前翅前缘有数组褐色短纹；基部1/3处和中部各有1条暗褐色弓形横带，后缘近臀角处有1个近似三角形褐色斑，此斑在两翅合拢时并成1条菱形斑纹；近外缘处从前缘至臀角间有8条黑褐色平行短纹。卵扁椭圆形，乳白色至淡黄色，半透明。卵粒散产。老熟幼虫体污白色，头部、前胸背板和胸足均黑色（图3），无臀栉。蛹体黄褐色，尾端有8根细长的钩状毛。茧黄色白绒毛状，椭圆形。

图2　苹果顶梢卷叶蛾幼虫为害嫩叶

图3　苹果顶稍卷叶蛾幼虫

发生规律

1年发生3代。以2～3龄幼虫在枝梢顶端枯死的卷叶团中越冬。早春苹果花芽展开时，越冬幼虫开始出蛰，出蛰早的主要为害顶芽，出蛰晚的向下为害侧芽。幼虫老熟后在卷叶团中作茧化蛹。各代成虫发生期为：越冬代在5月中旬至6月底，第一代在6月下旬至7月下旬，第二代在7月下旬至8月底。每雌蛾卵约150粒，幼虫共5龄。第一代幼虫主要为害春梢，第二、第三代幼虫主要为害秋梢，第三代幼虫10月后喜在枝梢第三至五节侧芽附近结茧越冬。

防治措施

1. 农业防治　彻底剪除枝梢卷叶团，集中销毁，消灭越冬幼虫。

2. 化学防治　在开花前越冬幼虫出蛰盛期和第一代幼虫发生初期，进行药剂防治，以减少前期虫口数量，避免后期果实受害。可选喷施20%氟虫双酰胺乳油6 000倍和20%氯虫苯甲酰胺悬浮剂3 000倍液，或20%呋虫胺水溶性粒剂2 000～2 500倍液，或20%虫酰肼悬浮剂1 500～2 000倍液，或20%杀铃脲悬浮剂5 000～6 000倍液。

20. 斑衣蜡蝉

苹果树枝上的斑衣蜡蝉若虫

21. 黄尾毒蛾

黄尾毒蛾幼虫为害叶片

22. 扁刺蛾

扁刺蛾幼虫为害叶片

23. 苹果剑纹夜蛾

苹果剑纹夜蛾幼虫为害叶片

24. 蛞蝓

苹果果实上的蛞蝓

25. 梨树二斑叶螨

分布为害

二斑叶螨俗称白蜘蛛，二点叶螨，是为害梨树的一种主要害螨，严重时造成梨树叶片焦枯，损失较大（图 1）。以成螨、若螨、幼螨刺吸果树芽、叶、果的汁液，主要在叶片的背面取食和繁殖，叶片受害初期叶脉两侧失绿，逐渐扩大连片（图 2），以后全叶焦枯（图 3）。虫口密度大时叶面上结薄层白色丝网，或在新梢顶端群集成虫球。

图 1　梨树二斑叶螨为害梨树状

图 2　梨树二斑叶螨叶背为害

图 3　梨树二斑叶螨为害叶片焦枯状

症状特征

成螨：体色多变，黄白色或灰绿色，一般带红色或锈红色；体背两侧各具 1 块黑褐色长斑；雌成螨体椭圆形，体长约 0.5mm，灰绿色或黄绿色；雄成螨身体呈菱形，长约 0.3mm，灰绿色或黄褐色，活动敏捷。卵：圆球形，直径约 0.1mm，光滑，初期无色透明，渐变为橙红色，将孵化时出现 2 个红色眼点。幼螨：初孵时近圆形，体长 0.15mm，无色透明，取食后变暗绿色，眼红色，3 对足。若螨：体呈椭圆形，黄绿色或深绿色，4 对足。

发生规律

二斑叶螨 1 年发生 12 ~ 20 代，以雌成螨在树干翘皮下、粗皮缝内、杂草、落叶以及土缝中越冬。当春季日平均气温达到 10℃左右时，越冬雌成螨开始出蛰。3 月中下旬达到出蛰盛期。地面越冬的成螨先在阔叶杂草或根蘖为害繁殖，在树上越冬的或爬上树的雌成螨先在树冠内膛取食为害，产卵繁殖，每头雌螨可产 50 ~ 110 粒卵，此后逐渐向树冠外围扩散。夏季高温少雨有利于该螨繁殖为害，6 月出现为害高峰，7 ~ 8 月出现大量被害叶，受害严重的果树常造成早期落叶。二斑叶螨有吐丝拉网的习性，成螨常在丝网上爬行，有时在丝上产卵。9 月下旬至 10 月上旬开始，陆续出现越冬型雌成螨。

防治措施

1. 消灭越冬虫源　早春越冬螨出蛰前，刮除树干上的翘皮、老皮，清除果园里的枯枝落叶和杂草，集中深埋或烧毁，消灭越冬雌成螨；春季中耕除草，剪除树根上的萌蘖，减少二斑叶螨虫源基数。

2. 生物防治　保护和利用自然天敌，可在果园种植紫花苜蓿或三叶草，培育天敌种群，或释放捕食螨、塔六点蓟马等。用藻菌、白僵菌以菌治螨，与农药混用可显著提高杀螨率。

3. 化学防治　果树发芽前，喷施 3 ~ 5 波美度石硫合剂或 45% 石硫合剂晶体 30 ~ 50 倍液，消灭越冬成螨。在害螨从树冠内膛向外围扩散初期，选用 1.8% 阿维菌素乳油 3 000 ~ 4 000 倍液，或 10% 浏阳霉素乳油 1 000 倍液，或 57% 炔螨特乳油或 25% 三唑锡可湿性粉剂 1 500 ~ 2 000 倍液喷雾等。喷药要均匀，加助剂，可显著提高防治效果。

26. 梨蚜

分布为害

梨蚜又名梨二叉蚜、腻虫、卷叶蚜等。河南省内各梨区均有发生。成虫、若虫群集芽、叶、嫩梢和茎上吸食汁液（图 1）。为害梨叶时，群集叶面上吸食，致使被害叶由两侧面纵卷成筒状（图 2），早期脱落，影响产量与花芽分化，削弱树势。

图 1 梨蚜为害梨树嫩梢

图 2 蚜虫为害梨树状

形态特征

无翅胎生雌蚜绿、暗绿、黄褐色，常疏被白色蜡粉。口器黑色，基半部色略淡，复眼红褐色。腹管长大黑色，圆筒形状，末端收缩（图 3）。有翅胎生雌蚜头胸部黑色，额瘤微突出。前翅中脉分二叉，故称二叉蚜。足、腹管和尾片同无翅胎生雌蚜。卵椭圆形黑色有光泽。

图 3 为害梨树嫩叶片的梨蚜

发生规律

1 年发生 10 ~ 20 代。以卵在梨树的芽腋、果苔、枝杈等的皱皮裂缝内越冬。越冬卵于翌年早春梨树花芽膨大开绽时开始孵化，初孵若虫群集于露绿的芽上为害，后为害花蕾和嫩叶，展叶后又转至叶面上群集为害，以新梢顶端嫩叶被害最重。4 月下旬至 5 月上旬为害最重，一般在梨落花后大量出现卷叶，落花后半月左右，5 月下旬至 6 月上旬大量出现有翅蚜迁至狗尾草上为害繁殖。9 ~ 10 月间，从夏寄主上迁回为害，产生有性蚜，雌雄交尾后产卵越冬。气候干旱，温度高时，发生严重。

防治措施

1. 人工防治

在发生数量不大的情况下，早期摘除被害卷叶，集中处理。

2. 生物防治

保护利用瓢虫、草蛉、食蚜蝇等天敌。对二叉蚜有很好的抑制作用。

3. 化学防治

在越冬卵基本孵化完毕、梨芽尚未开放至发芽展叶期为施药适期，可选用 25% 噻虫嗪水分散粒剂 4 000 倍液，20% 吡虫啉浓可溶剂 3 000 ~ 5 000 倍液，或 10% 吡虫啉可湿性粉剂 1 500 倍液，或 10% 氯噻啉水剂 3 000 倍液或 10% 烯啶虫胺水剂 2 000 倍液，或 3% 啶虫脒乳油 1 500 倍液等。

27. 中国梨木虱

分布为害

河南省各梨产区均有分布。以成虫和若虫刺吸寄主嫩绿部汁液为害。春季成、若虫多集中于新梢、叶柄为害（图 1，图 2），夏秋季则多在叶背吸食为害（图 3，图 4）。受害叶片叶脉扭曲，叶面皱缩，产生枯斑，并逐渐变黑，提早脱落。若虫常分泌大量黏液，诱发煤病（图 5），污染叶和果面。有时也为害套袋果实（图 9）。

图 1　梨木虱为害嫩梢

图 2　梨木虱若虫为害叶柄

图4　梨木虱为害叶片

图3　梨木虱若虫为害叶片及产生煤污

图5　梨木虱为害叶片引起煤污

图6　梨木虱若虫

形态特征

成虫分冬型和夏型两种，冬型灰褐色，前翅后缘臀区有明显褐斑，夏型体较小黄绿色，翅上无斑纹（图 7，图 8）。卵卵圆形，初时淡黄白色，后黄色，一端钝圆，其下有一刺状突起，固定于植物组织上。另一端尖细，延长成 1 根长丝。若虫：初孵若虫扁椭圆形，淡黄色，3 龄以后呈扁圆形，绿褐色，翅芽长圆形，突出于身体两侧（图 6）。

图 7　梨木虱冬型成虫

图 9　梨木虱在套袋内为害梨果实

图 8　梨木虱夏型成虫

发生规律

在黄河故道地区一年发生 5 ~ 7 代，世代重叠。以成虫在树枝上或树皮裂缝、落叶杂草及土隙中越冬。成虫出蛰后先集中到新梢上取食为害，交尾产卵。第一代卵出现于 3 月中旬，盛期在 4 月中旬，末期在 5 月上旬。越冬成虫出蜇盛期正是第一代卵出现的初期，也是药剂防治的关键时期。越冬成虫活泼善跳，卵主要产在短果枝的叶痕上，呈线型排列，以后各代卵大多产在叶片中脉沟内，且分泌大量糖蜜状黏液，易生黑霉。梨木虱的发生程度与湿度关系极大，干旱少雨发生重，降雨季节发生轻。重要天敌有：小花蝽、瓢虫及寄生蜂。

防治措施

1. 农业防治

早春刮树皮、清洁果园，并将刮下的树皮与枯枝落叶、杂草等集中烧毁，以消灭越冬成虫，压低虫口基数。

2. 化学防治

鸭梨花芽鳞片露白期或短果枝叶痕处出现黄色卵线时，立即喷药防治。常用药剂有 20% 吡虫啉可溶剂 6 000 ~ 8 000 倍液，或 1.8% 阿维菌素乳油 2 500 倍液，或 25% 噻虫嗪水分散粒剂 4 000 倍液，或 2.5% 溴氰菊酯 3 000 倍液，或 20% 氯虫苯甲酰胺悬浮剂 2 000 ~ 2 500 倍液等。

28. 梨小食心虫

分布为害

梨小食心虫又名东方果蛀蛾、桃折梢虫，俗称黑膏药。分布遍及河南省各果产区。

以幼虫蛀食梨、桃、苹果的果实和桃树的新梢。被害梨果的梗洼、萼洼和果与果、果与叶相贴处有小蛀入孔，孔周围微凹陷，不变绿色。最初幼虫在果实浅处为害，孔外排出较细虫粪，周围易变黑，呈“黑膏药”。果内虫道直向果心，果肉、种子被害处留有虫粪（图 1）。果面有较大脱果孔。

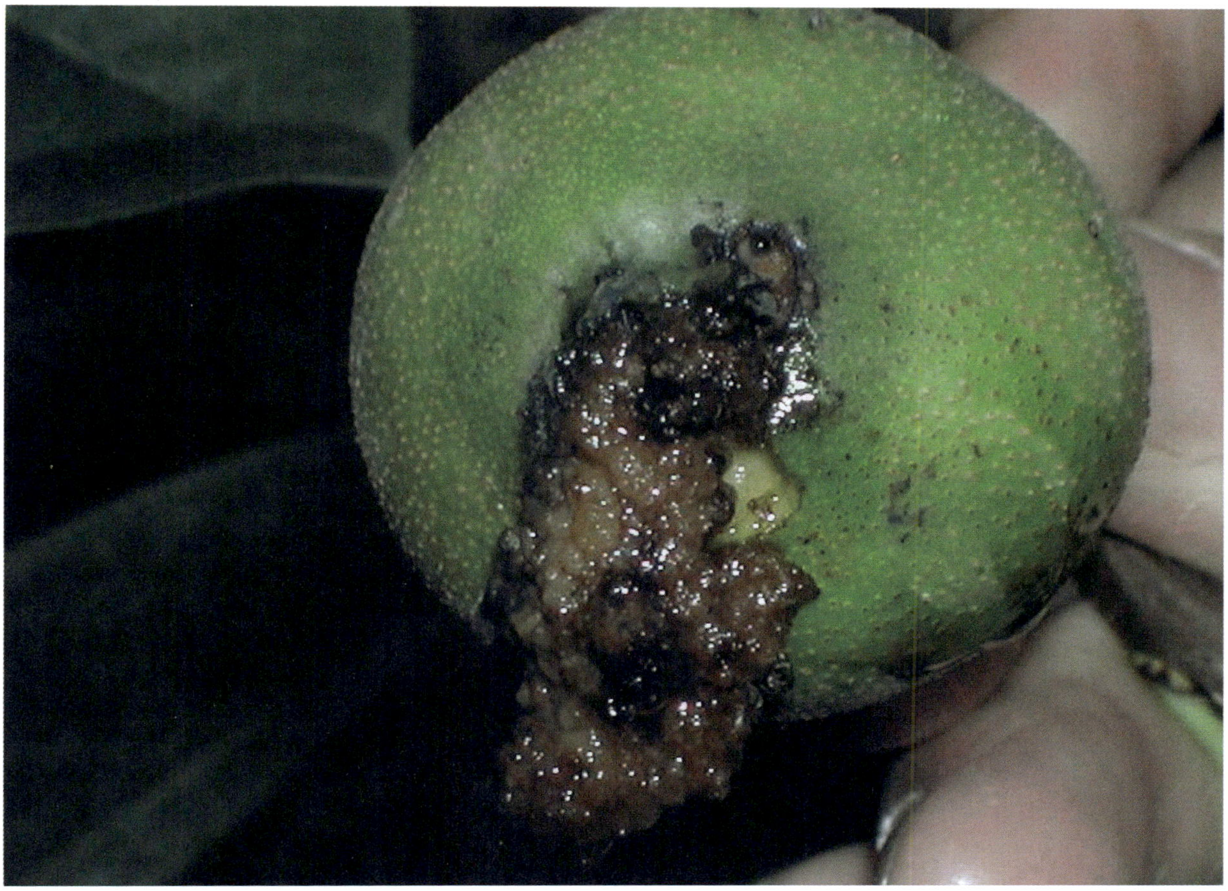

图 1　梨小食心虫幼虫为害幼果

形态特征

成虫灰褐色，无光泽。前翅前缘具有10组白色斜纹，翅上密布白色鳞片（图2）。卵近乎白色，半透明，扁椭圆形，中央隆起，周缘扁平。幼虫粉红色，头部黄褐色（图3）。腹部末端具有臀栉，臀栉4～7刺。蛹体纺锤形，黄褐色（图4），腹部末端有8根钩刺。茧白色、丝质，扁平椭圆形。

图2　梨小食心虫成虫

图3　梨小食心虫幼虫

图4　梨小食心虫蛹

发生规律

1年发生3～4代，以老熟幼虫在果树枝干和根颈裂缝处及土中结成灰白色薄茧越冬。翌年春季4月上中旬开始化蛹。成虫发生期4月中旬至6月中旬，发生期很不整齐，致以后世代重叠。一般1～2代主要为害桃新梢，3～4代为害桃、梨、苹果的果实。卵主要产于萼洼和两果接缝处，散产。在梨、苹果和桃树混栽或邻栽的果园发生重；雨水多，湿度大的年份，发生比较重。

防治措施

1. 农业防治

建立新果园时，尽可能避免桃、梨、苹果混栽；早春发芽前，进行刮除老树皮，消灭越冬幼虫；在越冬幼虫脱果前在主枝主干上，利用束草或麻袋片诱杀越冬的幼虫；5～6月间剪下的虫梢集中处理。

2. 物理防治

每亩梨园设置梨小性激素迷向带15条，距地1.5～2 m高，使成虫难以交配减少虫源。

3. 化学防治

利用梨小食心虫性诱剂，进行虫情测报，在成虫高峰期后3～5 d内喷洒药剂。用药参照桃小食心虫。

4. 果实套纸袋防虫

29. 梨茎蜂

分布为害

梨茎蜂又名梨梢茎蜂、梨茎锯蜂，俗称折梢虫、剪头虫。河南省各果区均有发生。

在春季新梢长至 6 ~ 7cm 时，成虫产卵时用锯状产卵器将嫩梢 4 ~ 5 片叶处锯伤，再将伤口下方 3 ~ 4 片叶切去，仅留叶柄（图 1，图 2）。受害新梢及叶片萎蔫下垂，随后干枯，影响幼树扩冠和整形（图 3，图 4）。幼虫在残留小枝内蛀食。在管理粗放的梨园发生较重。

图 1　梨茎蜂为害新梢“锯口”

图 2　梨茎蜂为害新梢折断

图 3　梨茎蜂为害新梢萎蔫状

图 4　梨茎蜂为害新梢干枯状

形态特征

成虫体黑色，有光泽。翅透明，翅脉黑褐色。雌虫产卵器锯状。幼虫体稍扁平，头胸下弯，尾端上翘（图 5）。卵长椭圆形，白色，半透明，略弯曲。蛹初时为乳白色，渐变为黑色。茧棕黑色，膜状。

图 5　梨茎蜂幼虫

发生规律

1 年发生 1 代，以老熟幼虫在被害枝条蛀道的基部越冬，翌年 4 月上中旬成虫羽化。4 月末 5 月初，在梨盛花期 1 周后，开始折梢产卵，卵产于残留的枝梢端部，5 d 后达到产卵高峰期，5 ～ 6 月是幼虫为害期，6 月中旬起，幼虫老熟，蛀入两年生枝且在其中越冬。成虫白天非常活跃，中午气温较高时交尾产卵。幼虫在嫩梢髓部蛀食，蛀道由粪便填塞，被害部位黑褐色较脆易折断，幼虫老熟后，在原处休眠化蛹。

防治措施

1. 人工防治

冬季结合修剪剪去被害枝。

2. 农业防治

成虫产卵结束后，在断口下 3 ～ 4 cm 处剪除及时剪除被害新梢。

3. 化学防治

新梢长至 5 ～ 6 cm 时，喷洒 80% 敌敌畏乳油 1 000 倍液，20% 杀灭菊酯乳油 2 000 倍液或 2.5% 溴氰菊酯 3 000 ～ 4 000 倍液等。

30. 舟形毛虫

分布为害

舟形毛虫又名苹果天社蛾。该虫在河南省分布广泛。初孵幼虫群集叶背，啃食叶肉呈灰白色透明网状（图 1），稍大后分散为害，严重发生时常把整枝、整树的叶子蚕食光，仅留叶柄（图 2）。

图 1　舟型毛虫低龄幼虫叶片为害状

图 2　舟型毛虫幼虫

形态特征

成虫：体黄白色。前翅中部有 4 条淡黄色波浪纹，外缘有黑色圆斑 6 个，近基部中央有银灰色和褐色各半的斑纹。卵粒圆球形，排列整齐而成块（图 3），初产时淡绿色近孵化时变灰色或黄白色。

幼虫：老熟幼虫头黄色，有光泽，胸部背面紫黑色，腹面紫红色，体上有黄白色。静止时头、胸和尾部上举如舟、故称“舟形毛虫”。

蛹：体暗红褐色。

图 3　舟型毛虫在梨树叶片背面的卵块（已经孵化）

发生规律

1 年发生 1 代。以蛹在树冠下 1 ~ 18 cm 土中越冬。翌年 7 月上旬至 8 月上旬羽化，7 月中下旬为羽化盛期。成虫昼伏夜出，具趋光性，常产卵于叶背，单层排列，密集成块。卵期约 7 d。8 月上旬幼虫孵化，初孵幼虫群集于叶背，啃食叶肉呈灰白色透明网状，后分散为害，白天不活动，早晚取食，常把整枝、整树的叶子蚕食光，仅留叶柄。幼虫受惊吓有吐丝下垂的习性。8 月中旬至 9 月中旬为幼虫期。幼虫老熟后，陆续入土化蛹越冬。

防治措施

1. 农业防治

冬、春季结合树穴深翻松土挖蛹，集中收集处理，减少虫源。

2. 物理防治

成虫具强烈的趋光性，可在 7 ~ 8 月成虫羽化期设置杀虫灯，诱杀成虫。

3. 人工防治

幼虫有群集性和受惊吐丝下垂的习性，可摘除虫叶、虫枝和振动树冠杀死落地幼虫。

4. 化学防治

低龄幼虫期喷 25% 灭幼脲悬浮剂 2 000 ~ 2 500 倍液，或 Bt 乳剂，或 20% 氰戊菊酯乳油 2 000 倍液。

31. 梨瘿蚊

分布为害

梨瘿蚊又名梨芽蛆、梨红沙虫、梨叶蛆。河南省部分梨产区有分布。主要为害梨嫩叶，在梨叶正面叶缘吸食汁液，使叶片皱缩、变脆，并纵向向内卷成紧筒状（图 1，图 2），居于叶

图 1　梨瘿蚊为害梨树状

图 2　梨瘿蚊叶片为害状

图 3　叶筒内的梨瘿蚊

筒内继续为害，叶肉组织增厚、变硬、发脆（图 3），直至变黑枯萎。

形态特征

梨瘿蚊幼虫形如蛆，1 ～ 2 龄幼虫无色透明，3 龄幼虫半透明，4 龄幼虫乳白色，以后渐老化，颜色由乳白到白色、橙黄色，最后变为橘红色（图 4），老熟幼虫体长 1.8 ～ 2.4 mm。

图 4　梨瘿蚊幼虫

发生规律

一年发生 2 ～ 3 代。以老熟幼虫在树干翘皮裂缝或树冠下 2 ～ 6 cm 的表土层中越冬。翌年 3 月化蛹出土，成虫产卵于嫩叶上。每头雌虫可产卵几十粒至 100 余粒。成虫寿命短，仅几十小时。卵孵化后，幼虫吸食梨叶汁液，将梨叶从叶外缘纵卷成紧筒，叶片变脆，幼虫经 13 d 左右老熟，入土化蛹，出土产卵。老熟幼虫要有降水才能脱叶入土或爬到树皮裂缝中，所以降水影响梨瘿蚊为害程度。无雨水，既不脱叶，也不在叶内化蛹。入土后化蛹要求有 15% ～ 30% 的土壤含水量，过低不能化蛹，超过 35% 化蛹率低。

防治措施

1. 农业防治

冬季深翻土地；及时摘除虫叶，集中烧毁。

2. 化学防治

成虫羽化出土前，树冠下地面撒施敌百虫毒土，或用 50% 辛硫磷乳油 300 倍液，或 40% 毒死蜱微乳剂 600 倍液喷洒。严重发生时，叶面喷施 10% 吡虫啉可湿性粉剂或 50% 杀螟松乳油 1 000 倍液。

32. 梨大食心虫

分布为害

梨大食心虫又名梨云翅斑螟、梨斑螟蛾。河南省梨区普遍发生。梨大食心虫为害梨的果实和花芽，春季花芽膨大期转芽为害，从芽基部蛀入，蛀入孔处碎屑松散，易发现，被蛀芽不萌发，或萌发花丛但多歪长，鳞片不落。秋季幼虫，多为害花芽，虫芽干瘦不能萌发。幼果期蛀果为害（图 1），蛀入孔较大，孔外排有虫粪，被害果果柄基部常用丝缠绕在枝条上（图 2）。虫果干黑不脱落，保留在枝条上，称“吊死鬼”。

图 1　梨大食心虫幼虫蛀果为害状

图 2　梨大食心虫为害的梨果（左边果）果柄有白丝缠绕在果枝上

形态特征

成虫：全体暗灰褐色，前翅具有紫色光泽，距前翅基部 2/5 和 1/4 处，各有灰色横线 1 条，此横线嵌有紫褐色的宽边（图 3，图 4）。卵椭圆形，稍扁平。初时为黄白色，经 1 ～ 2d 后变为红色。老熟幼虫头部和前胸背板为褐色。体背暗红褐色至暗绿色（图 5 ～图 7）。腹足趾钩为双序环，无臀栉。

蛹：身体短而粗。初化蛹时体色碧绿，以后渐变为黄褐色。第 10 节末端有小钩刺 8 根。

图 3　梨大食心虫成虫

图 4　刚在室内羽化的梨大食心虫成虫

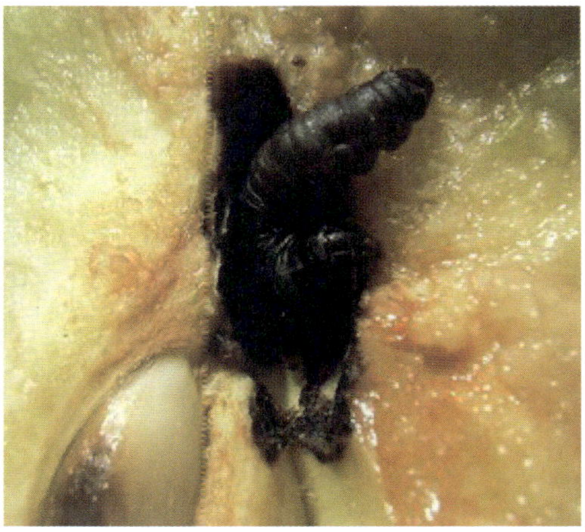

图 5　梨大食心虫果内为害

图 6　梨大食心虫蛀果为害状

图 7　梨大食心虫幼虫

发生规律

1 年发生 2 代。以低龄幼虫在芽（主要是花芽）内结白茧越冬。春季花芽膨大期转芽为害，幼果期转果为害，一般为害 1 ~ 3 个芽，2 ~ 3 个果。幼虫老熟后在果内化蛹，化蛹前先作羽化孔，蛹期约 10 d。6 月上旬为成虫羽化盛期，成虫产卵于萼洼、芽腋处、果苔上，每雌产卵约 200 粒，成虫对黑光灯有较强趋性。第一代幼虫为害期在 6 ~ 8 月间，蛀果或蛀芽为害。第 2 代成虫在 8 ~ 9 月羽化，多产卵于芽缝内。幼虫 8 ~ 9 月蛀芽到髓心部结茧过冬。

防治措施

1. 人工防治

（1）剪除虫芽：梨树发芽前，结合修剪管理，彻底剪除或摘掉虫芽。

（2）摘除有虫花簇：开花期，注意检查有落不掉的鳞片或枯萎的花序丛，应彻底摘除有虫花簇或捏死里面的幼虫。

（3）摘除虫果：越冬代成虫羽化前，彻底摘除“吊死鬼”果。后期及时彻底捡拾落地的虫果，深埋处理。

（4）套袋防虫。

2. 物理防治

利用黑光灯诱杀成虫。

3. 保护天敌

保护利用黄眶离缘姬蜂、瘤姬蜂、离缝姬蜂等天敌。

4. 化学防治

参见梨小食心虫。

33. 梨桃蛀螟

分布为害

桃蛀螟又名豹纹斑螟。河南省梨产区都有分布。果实被害后，蛀孔外堆集黄褐色透明胶质及虫粪（图 1、图 2），受害果实常变色脱落或胀裂。

图 1　桃蛀螟为害套袋果状

图 2　桃蛀螟蛀果状

形态特征

成虫全体黄色，前翅散生 25 ~ 28 个黑斑（图 3）。雄虫腹末黑色。卵椭圆形，初产时乳白色，后变为红褐色。幼虫体背暗红色，各节有粗大的褐色毛片（图 4、图 5）。腹部各节背面有 4 个毛片，前两个较大，后两个较小。蛹黄褐色。茧灰褐色。

图 3　桃蛀螟成虫

图 4　桃蛀螟幼虫为害梨果

图 5　桃蛀螟幼虫

发生规律

1 年发生 4 代，以老熟幼虫在树皮裂缝、僵果、玉米秆等处越冬。翌年 4 月中旬，老熟幼虫开始化蛹。各代成虫羽化期为：越冬代在 5 月中旬，第一代在 7 月中旬，第二代在 8 月上中旬，第三代在 9 月下旬。成虫白天在叶背静伏，晚间多在两果相连处产卵。幼虫孵出后，多从萼洼蛀入，可转害 1 ~ 3 个果。化蛹多在萼洼处、两果相接处和枝干缝隙处等，结白色丝茧。

防治措施

1. 清除越冬幼虫

冬、春季清除玉米、高粱、向日葵等残株，并将桃树等果树老翘皮刮净，集中焚烧，以减少虫源。

2. 果实套袋防蛀果

3. 药剂防治

药剂治虫的有利时机在第一代幼虫孵化初期（5 月下旬）及第二代幼虫孵化期（7 月中旬）。防治用药参考苹果小食心虫。

34. 草履蚧

分布为害

草履蚧又名草鞋介壳虫。分布于河南省各果产区。早春若虫上树，群集在树皮裂缝、枝条和嫩芽上刺吸汁液。受害叶片发黄，芽枯萎，小枝干枯。

形态特征

雌成虫无翅，红褐色，形似鞋底。体常被白蜡粉状物。雄成虫有淡黑色翅 1 对，紫红色。卵椭圆形，黄白色，产于卵囊内。

发生规律

1 年发生 1 代，以卵和初孵若虫在树干基部土壤中越冬。越冬卵于翌年 2 月上旬到 3 月上旬孵化。若虫出土后爬上寄主主干，沿树干爬至嫩枝、幼芽等处取食（图 1，图 2）。低龄若虫行动不活泼，喜在树洞或树杈等处隐蔽群居。3 月底 4 月初若虫第一次蜕皮，开始分泌蜡质物。4 月下旬至 5 月上旬雌若虫第三次蜕皮后变为雌成虫，并与羽化的雄成虫交尾。至 6 月中下旬开始下树，钻入树干周围石块下、土缝等处，分泌白色绵状卵囊，产卵其中，分 5 ~ 8 层 100 ~ 180 粒。

图 1　草履蚧若虫上树为害

图 2　草履蚧若虫

防治措施

1. 挖除卵囊

秋冬季结合挖树盘，挖除树干周围土中卵囊。

2. 阻止若虫上树

将树干老翘皮刮除，绑上 8 cm 宽塑料薄膜，在塑料膜上涂杀虫剂。也可早春用黏虫胶涂在树干基部，黏杀若虫。

3. 化学防治

果树发芽前防治树上若虫，可用 3 ~ 5 度波美石硫合剂。发芽后喷布 40% 毒死蜱微乳剂 1 000 倍液等。

35. 梨网蝽

分布为害

梨网蝽又名梨花网蝽、梨冠网蝽、军配虫，分布较广。成虫、若虫喜群集叶背主脉附近，被害处叶面呈现黄白色斑点，随着为害的加重而斑点扩大，全叶苍白（图 1），叶背常有黑褐色带黏性的分泌物和粪便，并诱使煤病发生，影响树势和翌年结果。

图 1　梨花网蝽叶片为害状

形态特征

成虫：暗褐色。头小、复眼暗黑，翅上布满网状纹。前胸背板隆起，向后延伸呈扁板状，盖住小盾片，两侧向外突出呈翼状。前翅合叠，其上黑斑构成“X”形黑褐斑纹。卵长椭圆形，长 0.6mm，稍弯，初淡绿后淡黄色。

若虫：暗褐色，翅芽明显，外形似成虫，头、胸、腹部均有刺突（图 2）。

图 2　梨花网蝽若虫

发生规律

每年发生 3 ~ 4 代。以成虫在枯枝落叶、翘皮缝、杂草及土石缝中越冬。翌年梨树展叶时成虫开始活动，产卵在叶背叶脉两侧的组织内，常数粒至数十粒。卵上附有黄褐色胶状物，卵期约 15 d。若虫孵出后群集在叶背主脉两侧为害。世代重叠。7 ~ 8 月为害最重。10 月中旬后成虫陆续寻找适宜场所越冬。

防治措施

1. 农业防治

成虫春季出蛰活动前，彻底清除果园内及附近的杂草、枯枝落叶，集中烧毁或深埋，消灭越冬成虫。9 月间树干上束草，诱集越冬成虫。集中消灭。

2. 化学防治

在梨树落花后成虫产卵之前及夏季大发生前喷药，提高防效。常用农药有 10% 烯啶虫胺水剂 2 000 倍，或 10% 吡虫啉可湿性粉剂 3 000 倍液，或 50% 氯氰・马乳油 1 500 倍，或 1.8% 阿维菌素乳油 3 000 倍液等。

36. 梨星毛虫

分布为害

梨星毛虫又名梨叶斑蛾、梨透黑羽，幼虫俗称梨狗子、饺子虫等。分布普遍。越冬幼虫出蛰后，蛀食花芽和叶芽，被害花芽流出树液；为害叶片时把叶边用丝黏在一起，包成饺子形，幼虫于其中吃食叶肉（图 1）。夏季刚孵出的幼虫不包叶，在叶背面食叶肉呈现许多虫斑。

图 1　梨星毛虫卷叶为害状

形态特征

成虫全身灰黑色，翅半透明，暗灰黑色，雄蛾触角短羽毛状，雌蛾触角锯齿状（图 2）。卵椭圆形，初为白色，后渐变为黄白色，孵化前为紫褐色。数十粒至数百粒单层排列为块状。幼虫初为淡紫色后白色或黄白色，纺锤形，体背两侧各节有黑色斑点两个和白色毛丛（图 3）。蛹初为黄白色，近羽化时变为黑色。

图 2　梨星毛虫成虫交尾

图 3　梨星毛虫幼虫

发生规律

1 年发生 2 代。以低龄幼虫潜伏在树干及主枝的粗皮裂缝下或树基土壤中结茧越冬。翌年当梨树发芽时，越冬幼虫出蛰，向树冠转移，先蛀食花芽，导致花芽，变黑、枯死。继而为害花蕾和叶芽。展叶时，幼虫吐丝将叶缘两边缀连成叶苞居内取食为害，吃掉叶肉，残留下叶背表皮，被害叶多变黑干枯。1 头幼虫能为害 7 ~ 8 个叶片，在最后的 1 个苞叶中结薄茧化蛹。越冬代成虫在 5 月下旬至 6 月上中旬，第一代成虫在 8 月上中旬发生。成虫飞翔力不强，多在傍晚或夜间交尾产卵。卵多产在叶片背面。

防治措施

1. 农业防治

在早春果树发芽前，对老树进行刮树皮，刮下的树皮要集中烧毁，消灭越冬幼虫。及时摘除受害叶片及虫苞。

2. 药剂防治

梨树花芽膨大期喷施 20% 甲氰菊酯乳油 2 000 倍液，或 25% 灭幼脲悬浮剂 2　000 倍液，或 1% 甲维盐微乳剂 1 500 倍液，或 2.5% 溴氰菊酯乳油 3 000 倍液。

37. 梨肿叶瘿螨

分布为害

梨肿叶瘿螨又名梨芽螨、梨潜叶壁虱。在河南省各梨产区均有发生，主要为害嫩叶。成虫、若虫均可为害。被害叶初期出现谷粒大小的淡绿色疱疹，后逐渐扩大，变为红色、褐色，最后变成黑色。严重时叶片早期脱落。

梨肿叶瘿螨为害状

形态特征

成虫圆筒形，多为白、灰白色，或稍带红色。卵小，卵圆形，半透明。若虫与成虫相似。

发生规律

梨肿叶瘿螨1年发生多代，以成虫于芽鳞片下越冬。春季梨展叶后，越冬成虫从气孔侵入叶片组织内，其为害刺激叶组织肿起形成疱疹。一般5月上旬开始出现疱疹，5月中下旬发生最重。6月高温季节，不利其繁殖，为害减轻。卵产于被害部组织内，一周后孵化。9月成虫从叶内脱出越冬。

防治措施

化学防治

花芽膨大时喷洒 5 波美度石硫合剂，或 95% 的机油乳剂 150 倍液，有较好的效果。春夏季发生为害期，可喷洒 1.8% 阿维菌素 3 000 倍液，或 0.3 ~ 0.5 波美度石硫合剂。

38. 黄尾毒蛾

分布为害

黄尾毒蛾为害苹果、桃、梨、桑树等。河南省各地均有分布。以幼虫取食叶片、幼芽，严重时将叶片食光（图 1 ~ 图 3）。

图 1　黄尾毒蛾低龄幼虫群集取食叶片受害状

图 2　黄尾毒蛾取食叶片状

图 3　黄尾毒蛾取食叶片变枯状

形态特征

成虫体白色，复眼黑色。前翅后缘有 2 个黑褐色斑纹。雌成虫触角的栉齿状，腹部粗大，尾端有黄色毛丛。雄成虫触角羽毛状，尾端黄色部分较少。卵扁圆形，灰白色，半透明，卵表有黄毛覆盖。幼虫有群集为害习性（图 4），老熟幼虫体长为 32 mm 左右，黄色。背线与气门下线呈红色，亚背线、气门上线与气门线均为断续不连接的黑色线纹，每节有毛瘤 3 对，其上着生长毛，此毛对人有毒，大发生时，易引发皮炎。第六、七腹节中央有红色翻缩腺（图 5）。

图 4　黄尾毒蛾群集为害叶片

图 5　黄尾毒蛾幼虫

发生规律

该虫一年发生 2 ～ 3 代。以 3 龄幼虫在粗皮缝或伤疤处结茧越冬。翌年果树展叶期开始活动为害，幼虫各代为害盛期分别发生在 4 月上旬、6 月中旬、8 月上旬、9 月下旬。成虫有趋光性，昼伏夜出。卵产在叶背面，成块状，卵粒数不等，卵期 10 d 左右。

防治措施

1. 灯光诱杀

利用频振式杀虫灯诱杀成虫。

2. 人工防治

利用幼虫群集越冬习性，结合秋、冬管理，消灭越冬幼虫。

3. 药剂防治

幼虫初孵期喷施 25% 灭幼脲 3 号悬浮剂 2 000 ～ 2 500 倍液或 2.5% 氟氯氰菊酯微乳剂 3 000 倍液防治。

39. 龟蜡蚧

龟蜡蚧在梨树枝上

40. 梨瘤蛾

梨瘤蛾为害新梢成“瘤”

41. 旋纹潜叶蛾

图 1　旋纹潜叶蛾幼虫

图 2　旋纹潜叶蛾为害梨树叶虫斑